应变思维

看穿情势的本质和隐藏的力量

萧亮 /著

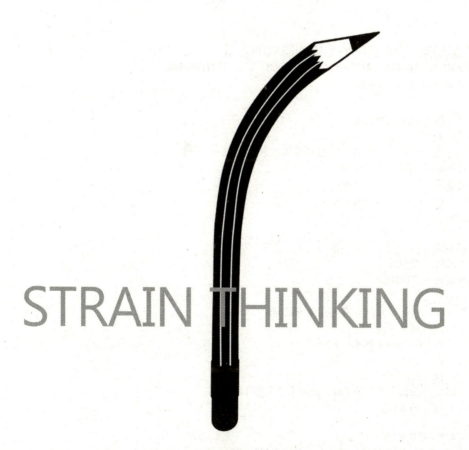

STRAIN THINKING

天津出版传媒集团

天津人民出版社

图书在版编目（CIP）数据

应变思维：看穿情势的本质和隐藏的力量／萧亮著. --天津：天津
人民出版社，2016.5

ISBN 978-7-201-10298-6

Ⅰ.①应… Ⅱ.①萧… Ⅲ.①思维方法—通俗读物 Ⅳ.① B804-49

中国版本图书馆 CIP 数据核字（2016）第 090109 号

应变思维：看穿情势的本质和隐藏的力量
YINGBIAN SIWEI:KANCHUAN QINGSHI DE BENZHI HE
YINCANG DE LILIANG

出　　版	天津人民出版社	
出 版 人	黄　沛	
地　　址	天津市和平区西康路35号康岳大厦	
邮政编码	300051	
邮购电话	（022）23332469	
网　　址	http://www.tjrmcbs.com	
电子邮箱	tjrmcbs@126.com	

责任编辑	刘子伯
策划编辑	冀海波
装帧设计	浪殿阿鬼

制版印刷	三河市兴达印务有限公司印刷
经　　销	新华书店
开　　本	690×980毫米　1/16
印　　张	16.5
字　　数	180千字
版次印次	2016年5月第1版　2016年5月第1次印刷
定　　价	39.80元

写给渴望成为"独角兽"的你

10亿美元摆在面前，你和我会像狗一样扑上去，死也要把这些钱当作我们的坟墓。但是扎克伯格就像突然看到了一堆狗屎——他掏出手帕，捂住鼻子厌恶地走开了。

——《华尔街日报》记者 费雷德·科斯塔

2006年，雅虎公司报价10亿美元收购Facebook（美国一家社交网络服务网站，主要创始人为美国人马克·扎克伯格）。扎克伯格没有丝毫犹豫，就拒绝了这张天大的馅饼。随后，科斯塔写下了上面这段话。后来，在发给我的邮件中，科斯塔说："Facebook两岁了，它能走多远？谁知道呢？这不妨碍我认为扎克伯格是一位伟大的人物。"如果换成我们呢？一家成立不到800天的新公司，面对天价的收购意向——这笔钱能让你和家人几世无忧，你的心理防线能够坚守多久？至少扎克伯格始终拒绝被收购。

在今天，我们已经看到扎克伯格"抵抗"金钱的诱惑后带来的想象不到的成果——Facebook用户超过14亿，市值已高达2500亿美元，在背后，"扎克伯格的拒绝"所体现的不仅仅是一位世界级的卓越企业家的长远目光，还是优秀人才应变思维的一次"典型闪光"：对于突如其来的变化，他可以一眼看穿情势的本质并坚持自己正确的原则。这是一种强大的力量。一个人的思维方式决定他可以站多高，走多远，影响他的阶层身份，进而不可抵抗地塑造他的命运。归根结底，这是大众与精英的差距，是人们能否像他一样成功的决定性因素。对待钱的态度只是其中之一；在其他很多方面，人们都能发现明显的对比。正是这些思考和选择的不同决定了最终的结果。

过去的十几年中，精力旺盛的科斯塔协助我的机构进行了一项富有创意的研究：那些世界级企业的高级管理者们是如何做出决策和管理自己的公司的，他们这些领袖级人物的共同点是什么？在这项研究中，有上百位来自全球不同国家的CEO（首席执行官），他们讲着五花八门的语言，但他们都属于我们今天这个世界的"**独角兽俱乐部**"的成员。他们不仅是超级富人、社会名流和行业顶级权威，还是具有高智力、高情商的群体。科斯塔利用自己的职业身份进行采访，为本书提供了大量的案例。他还参加了我们在全球各地举办的高端商业论坛，与企业的高管们深入接触，了解他们不为人知的故事。最后我们得出了一个有趣的结论——始终用应变思维思考和解决问题，是这些"独角兽"与普通人最大的区别。

只用一本书的篇幅远不足以描述这些商业精英的思维优势，但正像美国著名思想家罗伯特·弗罗斯特所说：我们至少可以筑起一道墙，把重要的东西圈进来。几乎每个年轻人都渴望成为新一代的扎克伯格或者第二个马云，成为令人仰视的"独角兽"。这当然是一个伟大的使人激动的梦想。他们为之努力，可为什么目标如此遥远呢？秘密是什么？很简单，这便是我希望本书可以具有的价值。想成为像扎克伯格这样的人，想让自己生活得更好。那么，就要先让自己学会像他们一样去思考，像他们一样去决策和行动。

应变思维是正向思考：总能在困境中发现机遇。 通用电气的前任总裁杰克·韦尔奇是一位从不服输的斗士和擅长力挽狂澜的人。他曾经不无嘲讽地评价一些后来者："他们都妄想自己是浪尖上的冒险家，兴致勃勃地冲向海滩。一个浪头过来，就都满嘴泥沙地乞求帮助了。"普通人面对困境时缺乏耐心，当挫折出现时，他们再也无法冷静思考，想到的只有逃命——穿着底裤跑到安全地带。就像那些成群结队逃离股市的散户，遇上生意淡季就准备关门大吉的店铺老板。但是具备应变思维的人，却会在这时透过危险的情势，看到"硬币"的另一面。我在写给一位经理人的信中说："恐慌本身就会带来市场。"面对问题，永远不要说"不可能"，而是去思考走出困境的方法，只有这样才能顺利地将危机转化成商机，让自己迎来转机。

从自身寻找原因，而不是抱怨环境。 有些人不管是经营一家公司，还是面对个人问题，遇到麻烦时总是强调客观因素，先将自己的责任推卸干净，再花费大量的时间指责别人。这就是典型的**"替罪羊思维"**，替罪羊思维在普通人的生活和工作中，已经成为人们应对问题的一种本能选项。项目搞砸了，生意做赔了，管理者责怪下属，员工埋怨同事，或者一起去抱怨市场，咒骂大环境，很少有人能够静下心来自我反思。相反，世界级企业的领袖们却从来不会回避自己的责任，他们对自身决策拥有强大的调整能力，灵活务实的作风使他们几乎可以适应任何环境，在恶劣的条件下开拓生存空间；别人还在集体抱怨时，他们却能迅速纠正自己的失误，重新上路，很快就"轻舟已过万重山"。

"独角兽"都是梦想家，但绝非空想家。劳伦斯·爱德华·佩奇在谷歌第一次登上美国"最具创新精神企业排行榜"首位时，对采访他的《华盛顿邮报》的记者说："我从来没有想到自己的梦想有朝一日会变成现实。"成功者总有一种谦虚的态度，就像亚马逊网上书店的创始人杰夫·贝佐斯声称自己对"靠卖书赚大钱"丝毫不抱希望。然而，他们的梦想全都变成了一项"人类商业史上的伟大事实"。这是因为他们都是脚踏实地的梦想家，而不是只躺在卧室床上没有任何实施方案的空想家。"独角兽"推崇行动，拒绝空想。如果邀请他们对你的人生提一句忠告，最有可能的一句话就是——有什么想法吗？马上行动起来！

相信团队的力量，从不迷信个人。即便是史蒂夫·乔布斯这样追求完美主义和不容置疑的天才，他也从不讳言优秀团队对自己和苹果公司的重要性。凡是喜欢做孤胆英雄的人注定会独自品尝孤家寡人的味道，迷信个人力量的思维方式和独断专行的管理风格即便取得暂时的成功，也不会给他带来持续的成绩。只有团队的能力才是无限的，任何时候我们都要通过与他人协作去完成工作，并与自己的伙伴分享荣耀。从团队的角度讲，应变思维就是一种共赢精神，你要思考协作的关系，要针对团队的需求做出让步，改变自己，而不是为了个人利益固执己见。我们可以看看那些优秀企业的领导者，他们都有一支强大的团队。他们把不同人的优势组合在一起，就形成了整体优势。依靠团队，他们实现了许多不可想象的壮举。

换位思考的沟通大师。换位思考是高效沟通的基本原则，同时也是一种令人尊敬的人格魅力。遗憾的是，掌握这种能力的人并不多。1997年，金融风暴席卷亚洲时，尹钟龙临危受命出任三星电子的CEO。后来他回忆说："企业受到极大冲击，最困难的那两年，随时可能宣告破产。总有人对我说：'早知今日如此，当初何必努力！'我的耳朵每天都充斥着类似的哀怨，但我时时想到他们有家庭需要供养，而企业的薪资又因为危机缩减了大半，若我站在那个位置也会心灰意冷。我能做的便是带头更加努力地工作，带领他们扭转这样的局面，希望我的志向可以感染他们。"正是具备了与下属同心同理的思维，尹钟龙才有机会团结众人，对三星电子进行全面的改革，最后成功地走出困境，并使企业成为全球位列前茅的知名品牌。站到对方的立场去思考问题，你才能看清问题的实质，发现彼此的差异，并且找到沟通的办法。

每一个获得巨大成功的人，他的思维都具备上述特点。基于篇首所限，我能简单概述的只有很少的一点。对于企业的管理者由于思维的不同导致的决策偏差和卓越人物的思维法则，以及我们如何借鉴、落实其实用的指导价值，在书的正文中，我将结合自己这些年的工作经验和在管理咨询中搜集到的事例进行详细的解读。

在本书中，你将了解到很多世界级企业的历任掌门人和执行官的决策过程——这些"独角兽俱乐部"的成员怎样做出一个重大而富有风险的决定？他们想到了什么，做了什么，才使企业在最艰难的时期避免了倒闭或被并购的结局？他们的管理理念和经营思路对我们的启示是什么？作为大众并不了解的全球顶级人物，他们对待工作和生活的态度，又有哪些值得我们借鉴？书中将对此一一解码，力争让每位读者都能在这个过程中发现自己感兴趣的内容，从而去改善自己的某些思维，在我们未来的人生中作出更聪明的选择。

萧亮

目录

CHAPTER FIVE
人比利润重要

CHAPTER SIX
沟通：应对复杂情势的最佳途径

CHAPTER SEVEN
"做正确的事"与"正确地做事"

CHAPTER EIGHT
以倒闭为前提来思考公司

结束语：30条提升应变思维的实战法则

CHAPTER ONE
思维模式的游戏

◆ 你能想到大众想不到的东西吗

◆ 摆脱思维"摇摆症"

◆ 给自己犯错的机会

◆ 像"独角兽"一样思考

为何只有少数人能够洞察事物的本质？人的阶层和等级是由什么决定的？为何你的梦想总是破碎，他们却一帆风顺？成功者是因为拥有权力和金钱才得以成功的吗？重要的不是坐上某个位置，而是像他们一样思考，学会他们的生存法则和思维方法，具备他们的行为模式，激发头脑内"隐藏的力量"。

为何有些人总能引领潮流

　　"世界一直是由精英人物统治的，我们的企业也是由他们在管理。""独角兽俱乐部"控制了全球经济，没有人会否认这个观点。但是，他们是怎么成长起来的？他们和普通人的区别是什么？他们又是如何统治世界和管理企业的？2013年夏天，我坐在曼哈顿纽约证券交易所的外面，和两名毕业于纽约大学斯特恩商学院的年轻人喝咖啡。这里是全球金融中心，是银行精英心目中的圣地，世界500强企业的股票每天都在这里交易。

　　他们充满憧憬地望着华尔街高耸入云的摩天大楼，对我提出这样或那样的疑问。24岁的迈克尔·诺亚来自加州西部的小镇；26岁的阿克曼则是土生土长的纽约人。他俩的家族虽然分居美国的东西两端，相隔遥远，但关系深厚，友情已经持续了整整三代人。阿克曼的祖父曾经被推举去竞选市议员，得到了老诺亚一家人的大力支持，替他募集了不少资金。虽然参政的梦想没有实现，但从此为这两个普通的家庭注入了向上流社会奋斗的基因。

获得工商管理硕士学位后，诺亚和阿克曼选择留在纽约，并到曼哈顿发展事业。在家族友情的影响下，这对好朋友的目标出奇地一致。

"在那儿，有两张椅子是我们的！"阿克曼指了指远方的一栋大楼。

"嘿，那是联邦储备银行吗？不，是摩根总部。"诺亚开玩笑地说。

无论如何，两名年轻人准备在这块不到一平方千米且散发着铜臭味的建筑群中刻下自己的脚印。他们在过去的一周投递了上百封简历，也曾上门毛遂自荐。经过这段时间的"实地考察"，两个人已经深深地爱上了华尔街。

但是，从斯特恩到NYSE（纽约证券交易所）还有多远？他们准备好了吗？诺亚和阿克曼都需要转变头脑，才能坐上直达华尔街顶层的电梯。他们心怀远大的理想，希望尽快像华尔街的"聪明人"那样思考问题，或者坐在一张气派的办公桌后面，一出手就是大手笔。可他们还没有理解那个特殊的优秀群体的思维方式，眼前的一切都是陌生的。就像诺亚用了5分钟才想明白我要干什么。

我放下手中的杯子，"听着，我有一只股票。瞧，它刚在电子屏幕上一闪而过……现在涨到42美元了，我想在下午三点半之前把它卖掉。"

他困惑地反问："先生，你为什么要在这时候抛掉它呢？"

股票下跌时，"独角兽俱乐部"的成员们在想什么

我们要谈的并不是股票应该怎么买卖，而是在股票的价格变动中，会让我们看到不同群体的思维交织在一起——它们呈现出巨大的反差，使人与人的命运在此时此地汇聚，然后飞向相反的方向。华尔街到处都

是市值百亿美元以上的世界500强企业，要想成为这里的风云人物，他们就必须好好想想：面对同一个问题时，那些卓越企业的管理者们是怎么想的？诺亚显然还没有明白这一点，他现在只想赚大钱，穿体面的衣服，开昂贵的跑车，给女朋友买高级化妆品。

像诺亚和阿克曼一样祈望命运转折的人还有我的一位朋友格兰德。格兰德的理想并不单单是"成为有钱有地位的体面人"。他说："偷走你幸福的人不是小偷，而是银行和通货膨胀。"他试图证明自己可以掌控一些东西。尽管怀孕的妻子经常质疑他对家庭的责任，诟病他没有本事在孩子出生前换一栋带有儿童卧室的大房子。格兰德还说："最大的风险就是你把钱放在银行，不投资是一定贬值的。"这句话本身并没有错误。多年前，他就买了很多只股票，有赚有赔，总体来看聊胜于无。有一天，他发现一只股票从23美元暴跌到了8美元，他认为这是抄底的好机会，便大胆买入，一次投入了15万美元——这是他的家庭储蓄金，一旦亏空，妻子会跟他拼命。他在兴奋中等了一个月，这只股票不但没涨，反而跌到了每股5美元。格兰德继续筹集资金，从同事和亲戚那里借来了10万美元投了进去。

"根据我的研究，这回应该到底了。"格兰德保持一贯的淡定。没想到又过了一个月，这只股票的价格变成了4美元。格兰德这时害怕了，他的内心生出了无穷无尽的恐惧：万一不会再涨了呢？经他打听，许多朋友也在两个月前买了这只股票，现在大家早都割肉离场了。在人们的嘲笑声中，格兰德抛掉了大部分的股票。显而易见的是，不但没有赚到钱，家庭财务反而雪上加霜。接下来他经历了一场战火纷飞的家庭大战。

这其实正是大多数人的思考及行为模式的真实写照。普通人在股市中历经风雨，备受摧残，早就习惯了股价的涨跌，已经认识到了一些聪明的做法。但他们既缺乏足够的耐心，也没有充足的信息用来做出下一步的准确判断。价格在下跌，它早晚到底。格兰德苦恼的是："底部的价格很少是我们这个层次的人能够想到的。"所以，不论价格是涨是跌，普通人很难避免恐慌，最后做出一些错误到离谱的决定。

同样是抄底行为，握有先天信息优势的投资精英就会从容很多——"善于搜集和分析信息"是这个群体不可缺少的能力。他们和普通大众一样，对于便宜的东西有一种天然的贪婪。但他们同时也知道：残酷的市场上往往没什么便宜可占——**不付出足够的代价，就无法换来做梦都会笑醒的利润**。这时候，他们需要的就不仅是几个月的耐心，而是超前的判断和强大的意志力。认识的差距决定了后面的结果，这既是能力，又是思维方式。

因此，在2002年华尔街的那次3小时暴跌后，高盛公司的证券经理柯·蒂恩做出的选择是把自己管理的三分之二的账户资金全部投进去，而不是和其他人一样披头散发地逃出来。

他说："投资者现在像疯子一样到处乱窜，如果手中有枪，他们会把美国的证券经理全都干掉。可是我知道，在股票下跌时，不是谁都能看到机遇。我不是巴菲特，但我知道此时应该怎么做。"柯·蒂恩手中有六位客户的数千万美元，此时贬值已超过76%。套现离场可能是多数人的选择，但他宁愿承受压力，去追逐"黑暗中的机会"。

重要的是后面的决定——不论一年内亏损多少钱，他都会继续持有。强大的心理承受能力和对未来的坚定信心，让柯·蒂恩在30个月后赚得盆盈钵满。格兰德就缺乏这样的思考能力。实际上格兰德只要再耐心等两个月，那只股票就一定会带给他巨大的惊喜。但他宁可相信朋友们的共同判断，也不愿意再坚持自己当初的原则。

相比普通人的慌张失措，顶尖的聪明人在行情不好时会变身为头戴草帽隐藏在树丛之后的猎人。他们有的是耐心，且总能盯准即将到来的机遇。恐慌情绪充斥着华尔街时，哈撒维公司的总裁巴菲特是怎么做的？他会找到一棵合适的树，准备好枪和弹药，悄悄地躲在后面，等候那只肉肥味美的"兔子"自己撞上来。

当人们欢欣雀跃地期盼股指再攀新高时，你应该选择撤退，站到一个安全的地方观赏那些人被"砸死"在倒塌的房子里。问题是，在关键时刻，只有少数人才有这样的判断力。他们能通过理智思考拨开重重迷雾，看透市场假象，发现事情的本质，然后顺理成章地做出正确的决策。所以，当股票下跌时，"独角兽俱乐部"的成员们和世界500强企业的CEO都在想什么？答案或许五花八门，但有一件事是肯定的，他们对市场很少存有"捞一把就走"的投机心理，所以价格的波动难以影响他们的思考和决策。但这恰恰是大众思维的软肋。

大众和精英的选择总是相反的——不论人们多明白其中的奥妙，思维的局限性总在关键时刻束缚人们的手脚，做出最迎合自己本性的决策。因此，一个人的思维模式是平庸还是优秀，根据他在股市中的行为模式就能很好地判断，结果经常是八九不离十的。

聪明人很少觉得自己是"聪明"的。当你感觉自己是"聪明人"时，你距离摔一个大跟头也就不远了。就像股市每年都会给我们的教训。那些顶尖人物一般也是非常富有的，但他们绝不会声称自己是"有钱人"。低调才会安全，这是多么简单实用的道理！

没有绝对安全的地方，只有相对理性的判断。在复杂的局势中，第一时间采取行动的人不是大获成功，就是死得很惨。所以如果你没有把握，就让自己等一等，而不是听从"朋友"或"亲人"的"忠告"。假如一个人在做决定前总喜欢到处征求意见，那么我建议你别与他合作共事。

学习创造性的应变思维：在下跌中抓住良机。创造性的应变要求你可以反向思考问题，并从问题中看到规律，不轻易地跟随主流思维。正如巴菲特所说："在别人恐惧时贪婪，在别人贪婪时恐惧。"成功者总能通过这种犀利的思考为自己创造机遇，而大众群体总是不经意间死于自己思维方式的僵化。所以只有转换思维的方向，你才能从容地打开命运的另一扇门。

为什么我坐不上那个位置

从麻省理工毕业以后，马克拒绝了多家知名企业的高薪邀约，义无反顾地来到旧金山一家新成立的建筑设计公司。作为名牌大学的高才生，他对自己的未来十分乐观：即便成不了全美最好的建筑工程师，也能在这个行业从事更为重要的管理工作，为将来打下雄厚的基础。这是他选择一家新公司的原因——"如果我能帮助这样的企业打响招牌，顺利登上企业主管的位置，那么三五年后一定可以跳槽到东部的大公司成为副总级别的高管。"

马克的理想令人赞叹，朋友和家人都对他竖起大拇指，支持他的设想。但现实却是残酷的，马克虽然在旧金山的这家公司如鱼得水，深受老板的信赖，一年后也拿到了两万美元的月薪，但却始终没有升职的机会。时间很快过去了三年，不要说接到大公司的邀约，就连本公司的部门副主管也没当上。他仍然只是一名"深受上司器重的工程设计人员"——仅此而已。

长达三年的奋斗都不能升职，马克的困惑、愤怒和失望是可想而知的，"我是麻省理工走出来的精英人才，为何只获得了普通雇员的职位？"没有人理解他和同情他。人们或许还在背后嘲笑他：这家伙只是在做梦罢了，他以为自己是埃利尔·沙里宁（美国著名建筑设计师）吗？

在这几年的时间中，公司内部的每一次职位竞聘，他都榜上有名，位列重要候选人，但每次他都被淘汰下来，不被董事会所考虑。为什么不听听老板对他的评价？"马克是个勤奋的小伙子，他有很强的工作能力，也在努力学习新的知识，对此大家有口皆碑；但他缺乏决策能力。有时他连自己的工作事务都梳理不清，决断能力差，是我每次都无奈地排除掉他的原因。"几年来马克在这方面没有什么进步，老板也很失望。看起来，他当初的梦想已经落空了，这辈子只能做一名任劳任怨的设计师了。

我们不得不看一下马克在工作中的表现：

——他总是给每件事留下一条后路。具体表现是他从来不把一件工作做完，快速完成一项工作、落定一项创意对他而言是不能容忍的，因为他无论做什么事情，都会给自己留下一些重新考虑的余地，以免有什么东西还要改动。所以做图纸时，如果不到需要交付的最后一分钟，马克就绝不肯罢休。

——他的思维有强烈的完美主义特征，事事追求完美无瑕。这一特点让他适合从事要求较高的项目，公司也经常把他放到重点工程的设计组，由他来监督和完成重要的设计任务。但他摇摆不定的行事风格实在太过低效了，有时已经寄出的文件，他也会打电话让客户原封不动地退回来——因为他需要修改几个用词，来使自己的表述更为精确。事实上，他要修改的部分无关紧要，客户并不在意。

这是让人平庸的毒药，是我们成为真正优秀人物的障碍。对于一个希望从事管理工作的人来说，重要的并不是获取多少知识，而是开发自己的思维能力，尤其是决断性的思维。它是优秀管理者的必备素质，也是那些卓越人物能够驾驭一支优秀团队、掌控复杂局势的保证。

致命的"**思维摇摆症**"在破坏你的工作之余，还会把你的生活搞得一团糟。作为一名企业家，优柔寡断实在是一种致命的弱点。它一旦植入人的头脑，我们的毅力、意志和处事的效率都将变成一部生锈的机器。当你羡慕那些在优秀的企业执掌牛耳的卓越人物、叹息自己为何没有这种机会时，有没有想过这种思维的弱点是否正附着于你的头脑、裂解你的心肺、并且无时无刻不操纵着你的肢体呢？思维的决断是如此重要，一旦出现问题，它不但可以破坏你的信心，还会吞噬你精准的判断和行动能力，让你的人生从此停滞。

处理事务的效率决定了我们的位置。

有句话说："**位置决定格局。**"站得高看得远，但怎样站到那么高的地方，才是在应变思维中首先要考虑的问题。可惜的是，人们都在追求更高的位置，却很少思考在一个"自系统"中获得优越位置的前提条件。它不是靠花钱买来的，也跟人脉无关。这个秘密就在你的一言一行中，是由你的思考和做事的效率决定的。

有好多企业家习惯了把权力握在自己手中，但又没有果断的决心与勇气。他们是会议室中优柔寡断的"话事人"，是谈判桌上犹豫再三的"徘徊客"。用我的朋友宾夕法尼亚大学的心理学教授罗甘的话说："他们用蜗牛的大脑管理巨额的资产，谁知道明天早晨会发生什么呢？"反应速度下降是优秀人物不允许的，他们总能用最快的时间做出决断，决不会耽误半秒钟，这正是你要认清的。比如赚钱的机会，它瞬间闪现，又稍纵即逝，需要你在它出现前就做好准备，然后抓住时机果断出击。

你能想到大众想不到的东西吗？

有一些世界级企业的创始人在别人看来非常幸运，比如约翰·洛克菲勒。他运气真好，在自己的炼油厂最困难时得到了铁路大王范德比尔特的垂青，从此财运亨通，迅速崛起并成为美国首富。然而，这并不是天上掉下来的馅饼，也不是上帝给予他的恩赐。这只不过是洛克菲勒提前想到、看到了大众没有意识到的东西——当别的企业家还在疯狂投资铁路时他就十分清楚地看到，石油才是美国经济的未来，而煤油则能为他带来源源不断的现金。

超越现实，看到未来。这是一种异乎常人的思维品质，是优秀群体中的极少数翘楚才具备的本领。科斯塔说："大众的思维被困在自己的视力所及范围之内。如果说鱼的记忆只有7秒钟这种理论是对的，那么大众思维的视野就只能按小时计算。多数人无法思考100个小时以后的问题，无论多么重要，人们的选择总是倾向于'**到时再说**'。"既无法看到趋势，又不能果断地做出最具效能的决定。就像诺亚不明白我为何准备在价格飞涨时抛掉股票，和卓越人物相比，大众的行为模式就是这么简单。

思维决定阶层

对多数人来说，阶层的真相是残酷的。人们期盼阶层的流动性越来越强，但这种流动会让人看到和感受到很大的落差。根据一种全球通用的说法，阶层被定义为人们拥有财产的多少和地位的高低，由此划分为富人、中产和穷人三个层级。大企业的CEO们当然是富人，这些企业的中层干部和掌握一定技能的知识群体也一同当仁不让地站到了中产的楼梯上，而你——或许只能再往下降一步，站在下边的"穷人堆"里，被挤压在阶层的底部。世界上大部分研究者都把阶层定义为经济范畴，这种由财产、知识和权力的多寡来进行区分的方法看似清晰明确，实则掩盖了阶层形成的真正原因。

我认为，阶层流动的本质是思维的较量。一个人的阶层属性是由他的思辨能力决定的，而不是财富和地位。因为只有这样才能解释为何过了而立之年仍在街头摆摊的马云可以突然崛起，不到十年的时间就建立了全球最强大的电商平台，一跃成为中国最具创新精神的企业家。事实上，并非他获得经济成功后才拥有了这种地位，而是在成功之前，他一直是思维层面的佼佼者。可以这么说，早在摆地摊和当老师的时候，他的思维就已经超越大多数人了。

同时，这种思辨能力带来的阶层属性又具有一定的遗传性，因为它会在后天的思维训练和提升中悄悄影响人的基因——行为的、家庭的、心理的乃至生理的。其次，人的思维方式也会通过教育和环境遗传下去。这就是为什么精英的孩子大多数仍然是精英，平民的孩子有80%的概率继续固守平民阶层的原因。当你从思维的层面看待这种划分时，你会发现即便他们的父辈在财富身份上发生了置换，也不影响后代的这种属性。

想想你为什么是弱者

除了变得富有，你还要改造"经常给自己带来麻烦的头脑"。处理复杂的生活和工作问题，有很多非物质的能力需要你去学习，而不是把眼睛盯着怎么支配别人或者如何去赚更多的钱。钱非常重要，但它不是决定性的。就像可口可乐公司的老板随时能够放弃自己的全部财产、工厂和现金，只要他保留自己的品牌——这个伟大商业创意的结晶，就可以随时卷土重来。

这就是强者的思维本质。强者不在乎眼前的利益，他们看重长远的发展，并能洞察对自己的命运真正重要的东西。你为什么是弱者，而不是强者呢？因为你长时间信奉的是金钱决定命运。想让自己具备更高的阶层属性，方法只有一个，训练自己的思维，让头脑变得卓越而强大。

抓住一切时机提高自己的思辨能力

思辨能力的深度和广度决定了一个人的阶层属性。从他出生起，头脑中就植入了一颗思辨的种子——它随着人的不同选择、磨炼和视野的开拓不断累积自己的能力值。普通人在18至30岁之间，会第一次思考自己如何才能获取成功，进入体面的成功阶层。也就是此时，他也会明显地感受到自己的思辨能力受到某种局限。

而对不少人来说，可能终生都摆脱不了下面这些毛病：

喜欢内斗：走到哪儿都喜欢拉帮结派，工作中是出了名的内斗高手。

经常抱怨：很少反省自己的问题，而是怨天尤人。

死要面子：虚荣心强，不真诚，不实在，事事以虚伪的态度对待。

不接受批评：你休想批评他，他只接受人们的赞扬。

敏感而自卑：心胸狭窄并且敏感，很容易因很小的打击失去自信。

目光短浅：经常高谈阔论，实则没有长远眼光。

懒于行动：即便偶尔有不俗的见识，也懒得去做。

非此即彼：思考任何问题都是倾向两种极端，不是神圣化，就是妖魔化。

这些就是思辨力差的表现。它们多数出现在"底层人"的身上。许多有钱人因为改正不了上述缺点，赚来的钱也会在自己错误思维模式的主导下慢慢流失，成为彻头彻尾的穷人。这是阶层分化的动力，也是一个人向上爬升或向下跌落的根本原因。一个缺乏思辨能力的人，给他一万亿美元也留不住，因为他的思维能力会出卖他。

他们都是行动狂

人们都有梦想，但一不小心就会变成空想。就像我在年轻时希望自己成为世界自行车大赛的冠军，最后却只收藏了几辆骑手的自行车了事。这是梦想，没有实现是我缺乏足够坚定的行动力。我的一位朋友告诉我，他大学时的人生目标是创建一家类似标准石油一样的商业帝国，但他现在只是一家拍卖公司的副总裁。这是空想，因为今天已经没有了洛克菲勒式扩张的战略和垄断思维的生存空间。

"梦想"和"空想"都是我们在全心地渴望某个结果能够变成现实。两者唯一而且最重要的不同是可行性。对，就是"可行性"——这是多么重要的一个词语，就是它决定了成功者和失败者的致命区别。事实上，"应变"思维的最大标志并不是"**对成功有最热情真诚的渴望**"，而是"**善于分析做什么是有可能成功的**"。

空想家的三个特征

科斯塔曾经在自己的一篇财经报道中对特斯拉汽车公司的CEO伊隆·马斯克无不嘲讽地形容："这位害怕机器人和外星人的'硅谷钢铁侠'每天都在媒体上曝光，时不时地给人们讲点'笑话'——虽然在他看来这都是值得一做的正经事。"

不过，科斯塔的嘲讽技能可能用错了地方。马斯克并不能算是完全的空想家，因为他是实实在在的亿万富豪，是已经取得巨大成功的汽车领域的创新家。他只是在某些方面（比如航天和人工智能）表现出了极度空想的思维，但也让他吃到了足够的苦头。显而易见，经常异想天开但又缺乏实质行动的思维模式让他在未来的竞争中很难成为第一流的赢家——比如打败自己一直痛恨的谷歌。

大众之中从来不乏"空想创业家"——这是我给无数普通创业者的定义。虽然人人都在梦想成为下一个马云，希望自己可以凭借一个伟大的目标改变命运，成功地拿到"独角兽俱乐部"的入场券。但是，凡是那些认为自己拥有一个**"必胜构想"**的人，都没有成功地转化为行动，创办一家成功的公司或者在某个平台实现自己的梦想。就像诺亚和阿克曼一样，他们这样的人有成千上万，就在你我之间。

我在回复科斯塔的邮件中说："这是我们多数人的宿命——成家立业，日复一日地奔波于家和单位，停止成长，停止探索，停止野心和卓越的实用主义，然后开始抱怨。抱怨者挤满了街头和每一栋楼房，却很少尝试改变现状。他们都有一个梦想，但很少为之努力，甚至不再希望生活发生点什么了，对待工作最大的期待就是不犯错误，安稳地拿着目前的薪水等待退休。"

为什么人们逐渐呈现出"**内心狂热却行为麻醉**"的状态呢?

因为头脑中的大众思维使人们完全不想承担风险。人们平时用大量的时间维护人际关系,想让别人喜欢并赞同他的想法。他观察别人比认识自我的时间更多,并且想真正融入更多人的世界,而不是塑造自我。这是大众的基本特征之一。因此人们最终失去了自我,昨天的梦想也变成了今天的空想。

为钢铁大王安德鲁·卡内基撰写传记的作者纳沙曾经这样评论像卡内基那样的人物与普通人有什么不同:"安德鲁无数次被自己的宏大计划逼得无路可走,站在悬崖边上,但他从来没有害怕过失败。他从不会担心地说:'万一事情不如计划的预期怎么办?'或者对计划的成功表示忧虑地说:'成功后我没有能力掌控怎么办?'不!安德鲁对任何事都胸有成竹。他愿意为了实现目标承担巨大的风险,哪怕是身败名裂;他不惜一切代价实现梦想,所以安德鲁成功地跻身为美国那个时代的'三巨头'之一。但是,普罗大众思考问题和对待梦想的方式是完全相反的,他们永远把害怕写在额头上,就像每个人都在对别人暗示:'**你能不能帮帮我?**'这既可悲,也不奇怪。如果你问我为何能够影响世界的伟大人物是如此之少,这就是原因。"

所以,当一个成功的企业家走进办公室,准备开始一天的工作时,他会区分谁是真正的人才,谁是公司里的空想分子。

对自己要做的事情并不真的充满"热情"

空想家会告诉你他正在准备一项了不起的事业,比如投资一个项目,开一家公司,或者应聘某个薪酬待遇极高的职位。总之,他有一个计划,也对自己所要投身的行业充满了热情。但是，当你继续深入地了解（与之交谈）时，你却很少听他说到更加具体的细节，他可能只是有兴趣而已，而不是热爱这个东西。真正的成功人士对于自己的梦想是充满巨大热情的——是他一生的最爱，就像我们在乔布斯、扎克伯格等人身上看到的一样。

一个人如果对于自己的工作并不能做到百分之百的笃信和饱含激情，又怎么要求别人用百分之百的信任回馈他呢？

在一次培训中，我曾经问一名科技企业的总裁马卡先生："假如现在你拥有了这个世界上最多的财富和无人匹敌的地位，你还会专注地发展自己的企业吗？"

马卡毫不犹豫地回答："不会。"

我说："那么，请你现在就退出自己的企业吧。因为你对它并没有投入真正的热情，而是背负着一些不情愿的负面压力在经营它。现在退出，你可以节省大量的时间和金钱，去寻找你真正喜欢做的事情。"

在我看来，那些成功地将企业发展成一家卓越公司的CEO，他们必然对自己的商业模式有着无比的激情和热爱，并准备让这种梦想通过自己的努力得以实现，同时将这种商业模式推广到全世界，哪怕付出巨大的代价（成为伤痕累累的探路者）也在所不惜。对空想家而言，他们没有这种热情——有的只是一种成为企业家的欲望。仅此而已。

很喜欢论证，但绝少采取行动

不管梦想还是空想，采取行动才是关键。行动是兑现思考成果的唯一方式，也是精英们最信奉的人生工具。但对空想家来说，行动如同藏在口袋里羞于见人的宝贝。他们很喜欢讨论自己的想法，去和任何人论证一个目标的可行性和实现的方法，但你很少看到他采取切实的行动。

空想家们怀揣信念，一如站在曼哈顿大街上眺望纽约证券交易所大楼的无数年轻人一样。他们为此思考了很多，也已经准备好了，但是总觉得还有些东西不符合自己的期望。于是，他们迟迟不迈出实践的那一步。有梦想并且实干的CEO们都是说到做到，勇于行动的；空想CEO们则永远只说不做，一直等待心目中的理想条件——但这是不可能的。没有什么环境是绝对令你满意的，就像本书也不会为你做好一切成功的准备，也不可能完全迎合你的期望及目标。所以，如果你想从万千大众中脱颖而出，就必须用实践验证梦想，用行动冲破阶层间的屏障。

有完美主义情结，却只想走"捷径"

多数中小企业的管理者在某种程度上都对未来有着不切实际的空想——越是距离目标尚远的人，其思维就越有完美主义的一面。他们对工作要求太高，对员工要求太严，对自己的未来设想得过于理想化。理想主义者大多出生在大众群体。我这个结论一定让你感到惊讶，但这是事实。大众对于财富总有一种不切实际的期望，试图寻找最快获得财富的方式，因此思维脱离现实，做计划时总把各方面的条件设想得完美无缺。可当他真的想做时就会发现，现实并没有这样的捷径。

你必须明白自己需要付出多么不菲的代价才能实现梦想。在获得成功之前，你不可能发现捷径的存在。只有在头脑中去除这样的企图，愿意用扎实而漫长的行动获取成就，你才能在思维层面跟上成功人物的步伐，真正进入更高的"阶层"。

梦想家首先是"行动派"

普通人大多在闷头空想，而实干的梦想家却在悄悄行动，每一步都快速到位、精准高效。为了让自己拥有这样的风格，你需要为"**充满梦想却有点倒霉的自己**"做些什么？

在泽西市拥有一家食品公司的艾达·耶塞皮卡2013年夏季到华盛顿拜访我，邀请我去他的公司看一看，替他出谋划策。他向我咨询的第一个问题是："为何公司成立两年来，我当初制订的目标没有一个实现？"耶塞皮卡从父亲那里继承了一家规模很小的食品作坊，随后他投入25万美元升级了生产设备，改善了卫生环境，成立了正规的食品企业。在企业成立之初，耶塞皮卡定下了两年内年均销售额突破300万美元的目标。不仅要在新泽西打开销路，还要远销美国各个州。

如今两年过去了，他的食品公司依旧不死不活，和刚成立时没什么两样。耶塞皮卡十分郁闷，他认为自己已经谈论得够多了，不想再纠结增加多少设备、人员，设立多少连锁销售店这样的技术性问题。重要的是他觉得整个公司都没有意气风发的奋斗精神，员工对眼前的状态并不满意，可却没有拿出为前程努力的诚意。

从泽西市回来1周后，我给他写了一封邮件，希望自己的点拨可以让他领悟到应该坚守并努力践行的原则：

尊敬的艾达先生，为了能够实现梦想、发展企业以及取得最终的成功，你正在经历一场情绪的过山车。这的确让人同情，但我一点也不意外。当你感受到沮丧或者绝望时，有没有想过自己为此做了什么呢？制订目标仅仅是一个喜悦的开始，如果你不对自己拥有的资本做出足够的改变，为企业可以实现这样的突破而付出自己的行动，你将很难到达成功的终点线。

从今天开始，你一定要培育自己的行动力。事实是你在办公室坐得太久了，我发现你一天的时间有6个小时都待在那个封闭的空调房里纸上谈兵。如果你还想谈论你的梦想和你的目标，那么你必须改变这种欲望强烈却什么都没做的状态，在员工行动之前就迈出自己的第一步。比如，你是不是应该先改善一线销售人员的薪资待遇？他们是你完成此目标的第一助力，是公司最宝贵的财富。你可以让父亲为你感到骄傲，让员工为你的雄心壮志折服，但首先不能让自己毁了你的梦想，其次才有机会将食品卖到全美各地。

我告诉耶塞皮卡，他必须行动起来，用行动证明自己的判断是正确的，用行动实现梦想的价值，并让对手对自己产生畏惧，让家人从他这里体会到安全感。除了行动，没有任何方式可以挽救他和他的企业，也没有人会主动帮助他。一心依靠别人把自己扶起来，本身就是一种弱者思维。

像耶塞皮卡一样空有远大的梦想但缺乏行动力的人实在太多了。不过，只要你认识到自己在行动方面的缺陷，采取有效的步骤加以改善，即便不会成为那些能够管理一家伟大企业的领袖级人物，也能够保证自己的事业立于不败之地，和大多数人区分开来。

第一步，确立梦想

你的梦想是什么？这是你要解决的第一个问题。为自己确立一个可以热情投入而又不乏挑战性的具体目标。梦想可大可小，但都必须是具体和可实现的。比如"我想成为财经领域的评论家。"而不是"我希望能操控所有人的思想。"前者既具体又有可实现性，后者却是毋庸置疑的空想。

第二步，想象成果

对于梦想达成后的结果要有清醒和可以量化的认识。比如——"我成为财经领域的评论家后，既提升了知名度，又提高了自己投资理财的水平。"达到目标以后，将如何从中获益？第二步解决的就是这个问题。

第三步，分析障碍

这是最为关键的一个步骤（大众思维会选择性地忽视它）——实事求是地分析。结合目标，对比分析现状和环境因素，找到阻碍自己实现梦想的一切不利因素：

自己距离实现目标有哪些能力上的差距？

当前环境是否有利于自己？

在实现梦想的过程中可能遭遇哪些挫折？

自己的身体与精神状况（意志力）是否能够坚持下去？

这些障碍中的每一个细小的因素都可能杀死你的梦想，让你功亏一篑。比如——"我需要了解财经领域，但我目前对它一无所知；我口才不好，可能上不了电视节目；我情绪不稳，有时喜欢发脾气；我判断力差，对金融市场甚至整个经济环境的洞察力较差……这些都是我实现目标的障碍，因此我不能轻举妄动。"分析和找到障碍，然后制订有效的应变举措，是梦想家变身为行动派的重要一步。

第四步，制订计划

在前三步的基础上，我们就可以制订详细的行动计划了。你一定要采纳"假如遇到了某障碍，我就采取某行动"的计划形式，有针对性地解决上述全部的不利因素。你要有解决方案，还要有备用计划，做到未雨绸缪。这是成功者的优异品质，是卓越人物最喜欢做的事情。他们讨厌阻碍自己前进的不利条件，但绝不会像鸵鸟一样无视它们，而是走过去，一个接一个地把它们消除掉。

所以，成为一名优秀财经评论员的计划应该是这样的——"我每天拿出三个小时的时间来研究财经领域，阅读相关书籍；报演讲培训班提高自己的表达能力；参加户外拓展训练提升自己的意志力；通过听音乐等方式，让自己成为一个情绪稳定的人；仔细观察经济形势和金融市场的变动，努力找出其中的规律。"在你解决问题之时，就是梦想实现的过程。这就是"付诸行动的思考"为你的人生带来的改变。

真正要解决的问题是你要让自己的大脑先行动起来，成为一个精明的分析家，不要再待在那座一无所知的小房子里。你要知道自己距离梦想存在多大的差距，还需要做什么，同时对最后的结局保持乐观；你也要明白在遭遇挫败时该怎样行动。下面是我根据自己的经验列出的一个简单的行动清单。

★写下一个你很想实现的梦想

梦想要十分具体、具备一定的难度并且可以衡量。

我的梦想是＿＿＿＿＿＿＿＿＿＿＿＿＿＿

★写下你将如何从实现的梦想中受益

它为你带来的好处，至少写出两条。

1.＿＿＿＿＿＿＿＿＿＿＿＿＿＿

2.＿＿＿＿＿＿＿＿＿＿＿＿＿＿

★写下你实现梦想面临的障碍

至少要写出一方面差距和三种可能遇到的挫折。

差距：_____

挫折1._____

挫折2._____

挫折3._____

★制订详细的行动计划

我将这样弥补差距：_____

我将这样应对可能发生的挫折：_____

★计划写好后，请把它贴到自己每天都可以看到的地方

应变——在复杂情势中脱颖而出

"在投资活动中，为了持之以恒地获得优异的回报，你必须成为第二层次思维者中的一员。"

——霍华德·马克斯

1995年，66岁的霍华德·马克斯和朋友一起创建了美国橡树资本管理公司。截止到2015年的6月30日，资产规模已超过千亿美元，个人财富高达180亿美元。他在全球享负盛名，以评估市场机会和金融风险而闻名遐迩。现在，他是华尔街最受尊敬的声音之一，每个投资者都希望从他那里获得指点，提升自己的投资水平。

但大部分人可能并不知道的是，马克斯最擅长的并非评估金融风险，而是判断由人的思维与行为模式的不同导致的市场机会。他说："我相信成功取决于诸多的因素。其中有一些是我们可以自己把握的，可还有很多因素超出了人的掌控。当然，毫无疑问的是，周密的计划以及持之以恒的辛勤工作永远是不断取得成功的必要条件。"

运气也很重要吗？的确，马克斯也承认运气有不可捉摸的价值。没有好运，最聪明的头脑和最辛勤的企业家都难以取得持续的成功。运气总是伟大智慧的补充，这一点显而易见是成立的。推特的创始人多西在谈到人的成功要素时，亦把运气列在其内。不过，把全部身家都压在运气上的成功者，至今我们还未在世界上看到。与其每天都企盼好运的到来，不如像马克斯那样研究人的思维和行为模式。

两年前，一家设在波士顿的全球性的投资公司（主权财富基金）请我向其管理团队讲一讲怎样造就一个卓越的领导机构，通过提高企业管理者的领导力来进一步拔升投资效益。我告诉他们：

第一，你需要为企业建立明确的投资信条。通俗地说，作为管理者你坚信的原则是什么，以及为此制订的投资流程是否适合企业的发展？

第二，你所带领的企业最主要的目标是什么？

第三，你怎样定义个人与企业的成功，为了实现目标你愿意承担多大的风险？

总而言之，企业家要时刻让自己做得正确——**运用正确的应变思维，比我们找到方向更为重要**，这决定了我们能否避开不可承受的犯错风险。

正如同马克斯的观点——**每个人都希望自己在惨烈的"资源竞争"中有出众的表现，成为最后的赢家**。应变思维的最大特点，就是保证了一个人在复杂的变化中可以作出比别人更正确的选择。它从行为模式上对人进行改造，让人先做出伟大的行为，再成就伟大的结果。大众思维则建立在概率、规律甚至从众的基础上——看起来是"常识中的正确"，最后却会产生"恐怖的偏差"。有一个北京的股民就困惑地对我说：

"我完全按照规律炒股，为何赚不到钱？"

这是一个"**正确的傻问题**"。在股市中赚钱的人总是少数的，就如同"独角兽"级别的人物也是少数的。这是源于行为模式上的差距："看似正确"不等于"一定正确"；同时做一件事情的人越多，人们从中得到的成果就越小。所以，基于应变思维而产生的行为模式经常是"反常识"的，但一个用大众思维思考的人则很难跳出来，走向大众的相反方向。

你要敢于"与众不同"

这些年来，我经常问别人这样的问题："如果我雇佣你做我的投资经理，并拟定这样的条款——四个季度后你取得的投资回报处在市场后面80%的位置，你将没有任何报酬，只能拿到每月3千美元的基本工资；但如果你进入了市场前面20%的位置，我支付你投资回报的50%作为酬金。请现在告诉我，接下这份工作后，你需要做的第一件事是什么？"

这是一份极具冒险性的工作。我希望每个人都给出成功的先决条件，但没有人可以正确地回答这个问题。我想告诉他们的是，假如你做的事情和其他人是一样的，那么你几乎没有成功的任何可能，至少你很难从与强者的竞争中脱颖而出，站到罗杰斯或者巴菲特那样的位置。

你要敢于与众不同。比如，为了成为20%的市场赢家，就必须和那80%的群体保持距离，在思维形态与投资策略上建立本质的区别。比如，你要构建一个与绝大多数的投资者都不一样的投资模型，要选择稀有的股票，要买入大众都未发现、不看好或觉得风险太高的资产，避开多数人眼中的"市场宠儿"，抓住稍纵即逝的时机，在市场中专注地做好正确的事情——而不是看似正确。

这绝非易事。多数情况下，人们总会选择"**大家都在干的事**"。所以只有马克斯这样的独具慧眼的投资家才能发现市场中最能孕育成功的闪光点，然后伸手过去，把它揣进自己的口袋。橡树资本的成功投资很多都来自于"购买无人问津的困境债务"，这种与众不同的投资行为让市场感到讶异："你不想活了吗？"陷入困境的公司在市场上是人人跳开走的"鸡屎股票"。可结果证明马克斯的选择是正确的。

比如，马克斯在1988年就组建了自己的投资公司。他的投资对象恰恰是一家濒临破产的公司的债务。这种行为使他很难筹集到资金，多数人都是大众思维，他们从这样的投资中看不到必胜的希望；他们需要规避风险；他们渴望绝对盈利。但马克斯却淡淡地说："正因为人们视之如弃儿，困境债务的标价才会低于其应有的价格，所以才有机会获得较高的回报。我知道他们不愿意想这个问题。"

站在价格的角度思考，难道正确的做法不应该如此吗？

你要给自己"犯错的机会"

在伟大人物的眼中，只有一个成功原理是确定无疑的，那就是"阿尔法系数"——出色的洞察力和分析技巧，可以帮助人看到本质，找到那些隐藏在表象背后的力量。目的并不是最主要的，"**如何达到目的**"才是他们关注的重点。这种出众的思维技能和行动策略是极其少见并且难以掌握的，无论环境怎样变化，他们都能通过极高的决策正确率和行动的效能获得预期的收益。

马克斯回忆自己在1968年初到花旗银行工作时，提出的口号是"胆小难成大事"。优秀的投资经理不屑于采取稳健的投资方式，传统的投资思维固然可以胜多负少，但赢到手的未必就多。他说："试图避免所有的损失总会带来严重的后果，因为这同样可能让你没有收益。"敢于试错，就是一种出众的思维技巧和行动策略。要敢于冒险，并在冒险中使自己成长。只有具备这种优于常人的思考和行动能力，你才可以识别机会——大多数人看不到的"盈利点"，知道何时冒险能够获得回报。

就像投篮一样，有的篮球选手在比赛中感觉自己手感不好，于是整个比赛过程中都很少出手，结果导致了球队失利，这是一个典型的例证。任何人都不想失败，但如果不冒失败的风险，你一定不会成功。所以，你在尝试实现卓越的突破时一定要接受犯错和失败的可能性。因为既想获得非凡的成就，又不想承担风险是大众思维的体现。

大众总在追求"不对称性原则"。越是碌碌无为之辈，就越坚持投资经营中的"不对称性原则"——想获得巨大的回报又不必承担相应风险。比如炒股，只想受惠于价格的上扬，不想承担价格下跌带来的损失，最好永远能够安全离场。一旦有风吹草动，他就会焦虑不安，不敢冒险，也不能接受一丝一毫的损失。我在国内曾见到很多股民赔钱之后跑到交易所大吵大闹，充分体现了这种本能式反应的大众思维的行为模式。

勇于试错的前提是你有能力承担损失。不错，我们要给自己冒险的机会，用试错的方式避免错误，取得成功。因为避免遭受任何损失的做法很可能导致我们无法实现成功的目标。不过，你必须判定自己有能力承担可能遭受损失的风险，对此要有理性的认知，而不是盲目轻率地认为"任何错误自己都可以背负"。

你要"不怕出丑"

布雷克是20世纪70年代最优秀的棒球手之一。他有一句名言："假如你能告诉我谁最害怕出丑，那我就能告诉你谁每次都会被打败。"他解释说，在比赛中为了防止优秀的跑垒员抢垒，投球手可能需要连续十几次把球投向垒包来让他接近垒包，而不是投向击球员。投球手会由于这样的行为被观众嘲笑——看起来就像一个胆小鬼。但是，布雷克认为最容易被击败的对手恰恰是那些害怕被嘲笑的投手。

一个害怕出丑的人注定要失败，不管他是企业家、管理者还是从事其他工作的人。为什么要"不怕出丑"？因为看起来是丢人现眼的行为背后，隐藏着的却是坚持不懈的努力以及为长远的、整体的目标作出牺牲的宏观视野。这恰恰是我们身边的普通人不具备的。

应变思维和大众思维的"行为区别"

马克斯所说的"第二层次思维"就是属于优秀人物的应变思维，与此对应的是"第一层次思维"——固执守旧的大众思维。知道两者的区别并聪明地让自己上升到第二层次，正是本书希望帮你做到的，尽管它不可能是一个短期和轻松的过程。

当人的思维处于第一层次时，看待问题时肤浅而简单：从现象看到现象，从行为衍生行为，僵硬教条缺乏变化。人人都能做到这一点，就像我们在幼儿园时的行为模式一样。我们走出写字楼，到熙熙攘攘的人群中看一看，差不多99%的人都在运用这种思维考虑和解决问题。他们在作出选择时，所需要的动机也是唯一的，那就是"对于未来的看法"。

比如：

"她是个贤惠的女人，和我合得来，我应该和她结婚。"

"现在经济不景气，我应该多存点钱。"

"房价又涨了，我应该赶紧买房。"

"这家公司的前景很好，说明股票也会涨，我应该入手。"

当人的思维处于第二层次时，情况就发生了部分或者完全的变化。因为这时他会考虑许多复杂、深层的东西。面对同样一件事情，优秀人物与大众看到的可能截然不同。在这些不同中，我只需要简单罗列一下思考与行动的关键要素，你就会恍然大悟，体会到两者的差距。

——未来很重要，但未来可能出现的结果都有哪些？

——我的判断有几成胜算？

——我的预期是什么？

——我的预期与别人（大众）预期的差别是什么？

——如果我是错误的，将发生什么变化，对我有多大影响？

这体现了两者有相当大的思维工作量的差别，它是头脑、经验、知识和意志力的比拼。因此，能够进行第二层次思维的人少之又少。当你拥有了这种第二层次的应变思维后，你就不会再简单地追求结果和标准答案，而是能够分析事物的内涵和掌握成功的基本规律——这些东西并没有写在教科书上。

为了取得非凡的成绩，像优秀的企业CEO或其他成功者一样在某些领域取得领先的优势，你必须先问问自己是否有比大众思维更加深入的思考，是否具备第二层次思维的能力，是否对现在和未来拥有正确的和非常识性的预测。你要能够突破大众的常规思维，建立独立的和卓越的行为模式，坚持信念，然后让自己的内在变得**"与众不同"**。

你要像"独角兽"一样思考

从大众到"独角兽"，从金字塔的底层到顶层，秘诀就在于思维方式。像"独角兽"一样思考，像他们一样采取行动，你就有机会攀升到金字塔的上半部分。最近几百年来，人类一直在总结和探索更为有效的思维和行为模式——应该怎样看世界，如何思考、解决问题。

那些带领世界500强企业的顶尖领导者究竟与普通人有哪些不同的思维习惯和行动策略？他们总是可以作出正确的决定，为什么？我们知道，比尔·盖茨在少年时代就沉迷于电脑软件，后来他大学没毕业就创立微软，开发出了至今仍垄断全球市场的"视窗操作系统"。安德鲁·卡内基没有受过多少教育，13岁就到杂货店打工养家糊口，但他后来成为了在经济上"造就美国"的人。像盖茨和卡内基这样的伟大人物当然有某些过人的技能，比如"写软件代码"和"簿记员的本领"。不，事实远非如此。他们不是超人，不靠好运气，也并非天赋异禀，重要的是他们的思维方式——将自己**"普通人"**的身份改造成了**"高成就者"**。如果你愿意，你也能够做到，我们每个人都可以。

"独角兽"对事物拥有"高专注力"

一旦找到了方向，他们总是可以做到专注——心无旁骛地做自己既定的工作。我们把这种本领定义为**"笃信型思维方式"**，他们是该行业的佼佼者，也早晚会成为引领潮流之人。因为他们从不怀疑自己做好这件事情的决心，这是他们的信念。

东芝公司的CEO田中久雄说："工作就像射箭，要全神贯注于不远处的靶子，把其他所有的事情抛到一边，别受任何杂念的干扰。"他认为专注可以帮助笨人战胜聪明人。当一个人集中全部注意力时，不管做什么事情都会有最大的成功可能性。相比之下，心神不宁的聪明人由于同时关注的目标太多，很难在这种思维的竞逐中取得胜利。后者往往是大部分人的生存状态。**你在做事时想得越多，上帝对你越吝啬。**

"独角兽"喜欢压力——压力是他们的情人

我在采访华为公司的一名副总时，他做了一个形象的比喻："我热爱工作的理由之一，就是那种分秒必争的紧迫感。压力让我沉醉，她是我的情人。面对一件不能让我紧张起来的事情，我无法想象自己会有多大的兴趣。我可能转身就走。"

压力让普通人更庸碌无为，却让那些精英更出色。压力摧垮了一大部分人，也成就了一少部分的人。你可以读读那些卓越企业领导者的奋斗经历，他们无不是从紧张到窒息的高压中杀出来的。高尔夫球王伍兹说："当有一天我走向第一个球座时没有感到紧张，我就该退出这项运动了。"只要是有意义、有难度的工作，都会对人产生压力，问题是你能不能扛住压力。

"独角兽"创造性地思考世界

他们使自己尽量地异想天开，用与众不同的眼光观察和思考这个世界。当其他人（大众）在一旁观察他们时，作出的反应经常是摇头、不解甚至鄙弃，但他们用自己的行动和结果证明了一个事实——未来总是由"能够创造性思考的人"创造的。

美国运通公司的CEO肯尼斯·谢诺说："什么是竞争？我认为没有明确的定义。从现在起，本土的、世界的一切竞争都将会变成关于创意和非传统思维方式的竞争。**谁掌握了创造力，谁就赢了全球市场**。"谢诺曾经用美国取代英国成为世界霸主的案例教育下属。他认为美国不是赢在了强大的工业实力和出色的战略技巧，而是美国在19世纪末和20世纪初涌现出了一大批富有创新精神的精英人才，正是这些具备创新思维的伟大人物集体推动美国走上了新霸主的宝座。

在一次培训中我对深圳一家公司的运营总监说："你想学乔布斯吗？没有一个异想天开的梦想，你就只能跟在别人身后亦步亦趋，永远做不出'不可思议的成就'。"乔布斯的思维不是学出来的，而是结合自身创造出来的。你要有一种创造的感觉——创造梦想；创造目标；创造团队；创造成功。用创造性的思维分析这个世界，你一定能找到突出重围的机会。

"独角兽"永远充满自信，哪怕身处绝境

他们不在乎批评自己的人；他们低头做自己的事情，不会对外界的流言蜚语有丝毫的在意；他们对自己信心十足，从不怀疑，即便身边的很多人都已经失去信心时，他们仍然是那个继续战斗的人。这是**真正的自信——了解自身的潜力，理性而乐观地看待自己的能力**。这种本领会督促和激励他们排除一切障碍，想到解决问题的办法，摆脱绝境并取得成功。

当然，自信心从来都不是成功的保证，但却可以极大地增加成功的可能性。任何一种"可能性"都令他们兴奋，却让大众忧虑而且退缩。这就是两者的差异。顶尖人物追求的是"**从容地掌握局势**"，而不是一定

能够成功。大众却希望"胜利可以唾手可得"。这就太难了。所以，假如你希望有一种方法能够让你离成功更近一些，从现在起你就应该明白并记住这个道理：信心不是决定性的，但永远都是成长为这些卓越人物的必要条件。

CHAPTER TWO
四大应变思维模式

◆ 常识一定是正确的吗

◆ 人们为何不愿面对问题

◆ 将问题简单化

◆ 用逆向思考解决问题

为何同一个问题，你看到了危险，有人却看到了机遇？一些很简单的"问题"杀死了大部分人，让你苦苦思索没有头绪，但另一些人解决起来却并不难。原因在于聪明的人都能辩证地看待和分析问题，并且能用最短的时间找到答案。

看到硬币的另一面

看待任何事物，我们都会发现有不同的角度。角度不同，看到的问题就不一样。科斯塔在参加完一次对GE公司高管的访问后对我说："掌管通用帝国的伊梅尔特最了不起的地方在于他可以随时变换自己的思考角度，即便最简短的一次谈话，他也能兼顾到一个问题的各种可能性。总之，伊梅尔特可以看到藏在角落里的'灰尘问题'，并从中找到切入的契机，从而把人们引入一个意想不到的世界。"

这就是反向的应变思考——对司空见惯的好像已有定论的观点、机构、产品等一切事物进行逆向分析，反其道而行之，发现硬币的另一面，找到解决问题的方法。反向思考的核心是自主选择，而不是跟随"顽固的大众常识"。

常识一定正确吗

已经过世的保罗·纽曼是一名好莱坞明星，他既获得过金球奖、艾美奖中的最佳男演员奖，也得到了奥斯卡终身成就奖。但他最出名的事情却不是演电影，而是制作沙拉酱。纽曼因为坚持到任何场合都只使用由自己制作的沙拉酱而在纽约的餐饮界"声名狼藉"，甚至有餐馆的老板借用这件事炒作，宣称纽曼是他们永远不会欢迎的客人。就在这样的"大事不妙"的环境中，纽曼的选择不是"改正错误，洗心革面"，消灭这个奇怪的习惯，而是突发奇想——他要把自己的沙拉酱送上工业流水线，装瓶销售。

消息一出，媒体一片哗然，食品界的专业人士也站出来进行规劝："先生，你最好不要这么干，因为结果会很惨。"专家们的告诫当然有其依据，当时市场上流行的各种名人产品到处都是，摆在货架上无人购买，是典型的给消费者带来负面观感的食品。在普通人看来，这就是一个火坑，谁跳进来都会被烧死。因此，人们的常规反应是撤退，而不是跟进。

纽曼的回应是冷笑。他和自己的老朋友哈奇纳准备了4万美元的启动资本，随后就开始了打造"纽曼私传"这个沙拉酱品牌的工作。出人意料的是，没过多久，它就成为了美国的主要食品品牌，年销售额如今已高达1亿美元。

为什么纽曼可以成功？他说："**我们从一开始就和传统对着干。当专家们认为某一件事应该这么做时，我们就跟他们唱反调。**"他的思维总是不合常规，喜欢反向思考。这让他拥有一种独特的判断力，不仅因此成为了影坛常青树，还在生意场上战胜了大众的常识和专家们的传统见解，建立了真正属于自己的商业模式。

重要的是——"**常识一定是正确的吗？**"

当我向参加培训的管理者们提出这个问题时，很多人迅速填写了答案卡并举过头顶。现场绝大多数的支持者（86%）认为，能够称为"常识"的知识，必然经过了无数次的实践论证，具备了被广泛认可的正确性，根据常识来思考问题和看待事物，就不会出现偏差。但是很可惜，越是不容置疑的常识，有时候就越可能错得离谱。

人们从接受教育开始，小学，中学，大学，再到硕士和博士，很多人拿到了几乎全部学历，学习到了渊博的知识，当上了管理者，或者开始创业，拥有了自己的公司。这时他觉得自己拥有的技能和判断力已足够应付绝大部分问题了。这听起来是对的，但你有没有想过：

——自己获取的知识和常识依据有多少是模棱两可或被加工过的？

——你的思维有没有跟随众人进入一种被设计好的模式？

——你的判断力有没有受到专家和人云亦云的大众舆论的影响？

如果你倚仗这些众所周知的"常识"看待事物，分析问题，就习惯性地进入了一个逻辑陷阱。在这个陷阱中，你会想当然地认为**大家知道并且都认同**的一定是对的，不再试图站在相反的角度观察和分析，也不再反向推理和查找问题的另一面，甚至忘记了问一句"为什么"。

常识并不一定是正确的。这是你要记住的第一个"应变思维分析法"。能够辨别并且灵活地运用常识，突破常规的限制，你才有可能发现真正的问题；谁能反常识地思考，谁就能更快地发现不被人知的机遇。

用反向思考发现机遇

江崎是日本著名的半导体专家，也是诺贝尔奖的获得者。20世纪50年代，世界各国都在研究一种用来制造晶体管的原料——锗。这其中的关键技术是如何将锗提炼到非常纯的程度。人们认为，锗的纯度越高，晶体管的性能也应该越好。但提炼技术的进步是很慢的，无数科学家为此耗费半生，也难有突破性的进展。江崎在长期的试验中也发现，提炼出最优质的锗是不可能的，因为无论怎样仔细地操作，总是免不了混入一些杂质，最后对晶体管的性能产生严重的影响。

试验似乎陷入到了绝境，但江崎突然想："如果我采用相反的操作过程，故意添加少量的杂质，降低锗的纯度，结果会怎样呢？"他马上大胆尝试。当锗的纯度降低到原来的一半时，江崎狂喜地发现，一种性能优良的半导体材料诞生了。

走出实验室，你会看到现实中的许多商机也是通过这种反向思考的方式发现的。我曾经在培训中很多次讲过"凤尾裙"和"无跟袜"的案例——成功的商人有时就诞生于一个不经意的错误，当错误发生时，他们运用反向思维挽救了自己，顺便扩大了生意，带来可观的经济效益。比如，制造袜子的商家经常不小心弄破袜跟。袜跟破掉的袜子在人们的常识中失去了应有的价值，商家索性把袜跟去掉，略作加工，反而开发出了无跟袜，成功地创造了商机，而不是沿着常识去弥补错误。

对传统习惯和常识思维保持警惕：很多常识虽然广受认可，但并不意味着它一定就是正确的。越是人们都在让你遵守的规则，你越要保持警惕，因为它可能让你"泯然众人"。

　　反向思考催生反常识的行为模式：反向思考引发理性思考，在看似正常的现象中寻找非同寻常的变化，关键在于你如何看待一枚硬币的正反面和明白自己到底需要什么。任何时候都要保持一种开放性的思维，不要被装进思维的笼子，要让自己能够在任意一点解剖事物和分析问题。

写下问题，才能看清问题

查尔斯·吉德林在对通用汽车公司做管理培训时提出了一个明确的要求，他让每一名雇员都学会**"罗列问题"**："当你遇到困难时，如果能把它全面和清楚地写下来，放到自己面前，那么问题就已经解决了一半。"把问题写下来的做法，就是运用清单来思考问题、看透本质的思维模式。它会帮助你养成罗列和分析问题的好习惯，对迅速找到问题的症结是非常有利的。

人们为何不愿面对问题

制作问题清单的关键在于直面问题。但是，愿意面对问题的人为何如此稀少呢？我去很多公司探访，发现到处都存在粉饰太平的现象。有家长春的公司专做从东北向日韩出口铜制半加工品的生意，老总许先生一边怒骂企业的活力不足，没几年就会倒闭，一边又极力地掩饰管理上的问题。当我建议他为自己列一个问题清单时，他的第一反应是：

"难道您觉得我有问题吗？"

我说："这样吧，两个礼拜后你再说这句话。"

我用了10天时间考察他的企业，跑遍每一个车间，走访每一个部门，和超过50名的员工聊天，然后为他写了一份清单，上面列出了企业和许先生自己存在的不下30个问题，涵盖了发展战略、企业文化、薪酬体系、市场策略、员工关系、管理制度等几乎全部的领域。一家企业染了这么多的"病症"，不倒闭只是暂时的。我将这些纸放到许先生的面前，他只是简单一看，脸色立刻变了。他不再理直气壮，也没有再说那句反问的话。

那么，大众人群为什么不敢面对问题呢?

根源一：爱面子，所以逃避问题

人都有自尊心，当自尊心达到一定程度时，就生成了面子心态。一个人爱面子，即使知道自己有责任，也不愿意面对问题。多数时候，他们会死不认错。想让他给自己列一个问题清单，就得帮他分析问题的严重性，使他意识到如果继续逃避，他连最后的一点面子可能也保不住了。

比如许先生，当我告诉他企业难以撑过下个季度时，他大吃一惊，马上下定决心准备改变自己的管理方法。一个月后，许先生为企业准备了一份厚厚的"问题档案"。他不希望这么多年的心血付之东流。

根源二：清高固执，不认为自己有错

觉得自己"永远正确"的人不在少数，尤以中小企业的CEO居多。他们既看不到问题，也不认为有什么问题。即便有，也是员工和客户的错误。想让这样的人运用清单思维定义和分析问题是困难的，有时得让事实说话——除非成为了彻头彻尾的失败者，否则他们永不低头。

赤羽雄二的"A4纸笔记法"

曾经在麦肯锡公司领导成立了"经营战略"计划的赤羽雄二对韩国巨头公司LG集团的全球计划起到了至关重要的作用。2002年，他和别人共同创建了Breakthrough Partners公司，继续从事企业管理及思维培训方面的工作。为了帮助人们落实和更好地借助清单思考和解决问题，赤羽雄二在他的《零秒思考》一书中提供了一个非常便捷的方法——A4纸笔记法。

这一方法所需的工具非常简单：一张A4纸和一支笔。在纸上写下眼前面临的问题和需要办理的事情，提供一个分析清单。它是一份分析草图，也是一个廉价高效的思维工具。只需要一张纸，我们就能够把所有的问题全面地呈现出来。

赤羽雄二说："这就像一种大纲类的思维导图，简便易用，既可记下待处理的问题与事项，又可助我们做到零秒思考，培养逻辑思维，理清情感和情绪。"它的好处是帮助你从宏观上看待问题，对所有因素一目了然，根据不同的情况找出不同环节的关键问题，进行整理和制订解决计划。

每张清单只有一个主题：每张纸是一份清单，只围绕同一个主题。这样既方便查阅，又能一目了然地阅读该主题的所有事项。不要让别的主题插队，这样可以理清你的思维。

清单应该简洁直接：不要写太多内容，清单上应该出现的是主题、概要和注意事项，每条信息控制在100字以内。普通事项在A4纸上不要超过两行，重大事项不要超过三行。

每天用10分钟书写清单：每天要拿出至少10分钟的时间来书写清单。可以在早晨，也可以放到睡前，把当天或次日要做的事情、可能遇到的问题及应对计划写下来，以备参考。

大事小事都列成清单：不要思考太多，比如"要不要写下来"的问题。凡是能想到的事项和问题，不管大小和紧急及重要的程度，应该全部列入清单。只要想到，不论是什么都应先写下来再进行定义和归类。这对我们的记忆力是极大的帮助。

一想到就立刻写下来：防止拖延。有些事情当时不做记录，过一小时就可能遗忘。对这个习惯的保持，最好的工具就是A4纸，而不是电脑文档、笔记本或其他需要翻找的东西。

任何时候都可以开始：把A4纸和轻巧的纸板随身准备好，保证你在任何地方、任何时候都可以写。你也可以将A4纸折起来放到口袋——这是普遍的做法。我在10年前就把这个方法普及到了公司的每一名雇员和部门主管。

清单需要随时补充：清单不是固定和一成不变的，也并非不可变动。一旦有了新的想法，可以把它拿出来随时修改和补充，提高清单的效果。总之，即便同一个主题，你也可以从不同的角度来罗列问题清单，扩展视野，提供给自己参考。这会让你处理问题的能力和应变的速度提升百倍，因为你通过清单做好了各方面的准备。

把复杂的问题分成几个部分

由纳娜·冯·贝尔努特带领的《哈佛商业评论》研究团队在评定2015年全球最优秀的100位CEO榜单时，在当期的专栏评论中引用了美国思想家W·P·弗洛斯特说过的一段话："想筑好一堵墙，首先要明晰筑墙的范围，把那些真正属于自己的东西圈进来，把不属于自己的东西圈出去。"

为确保最终的结果是公平的，研究团队有严苛的评选标准。比如，对任期不满两年，曾被逮捕或判罪的CEO予以剔除。总计有907位CEO参选，来自四十多个国家和地区，所管理的企业也分布在全球各地。

贝尔努特评价道："在这份榜单中，排名越靠前的企业领袖，他们的思维方式就越趋向于简单化。和人们想象的不同，精明的领导者都在学习怎样务实地分解复杂问题，降低事情的难度。最好的首席执行官恰恰是擅长这类'简单小把戏'的人。""网络文化"的发言人和观察者凯文·凯利创造了"技术元素"一词，他认为技术是"这个世界上最强大的力量"。技术的本质就是"简洁"，这与思维的作用异曲同工，而且思维本身也是一种技术——以更简单的方式去实现目标。

如无必要，勿增实体

森林中的狐狸是聪明的生物，它知道很多事情，既狡猾又阴险，诡计多端，行动迅速，跑得也快。和现实中的聪明人一样，看上去就是那种"100%的赢家"。与之相比，刺猬的脑袋很迟钝。它毫不起眼，走起路来一摇一摆，又慢又不灵活，只能过一种相对简单的生活。对此，在管理界内流传着一个非常有名的寓言故事。

有一天，狐狸在森林中的岔口处不动声色地等待着。刺猬经过这里，由于脑袋反应较慢，根本不知道前面有埋伏，一不留神就落进了狐狸的圈套。狐狸暗想："我抓住你了！"它像闪电一般跳出来，朝目标扑了过去。刺猬当然意识到了危险，它立刻缩成了一个圆球，全身的尖刺竖起来，构成了一个坚固又锐利的防御工事。狐狸只好停止进攻，悻悻而走。

回到森林后，狐狸不甘心，又开始策划新一轮的进攻，但再一次垂头丧气地败下阵来。狐狸和刺猬的战斗每天都在发生，不管以何种方式开头，结局却总是相同的。头脑聪明而灵活的狐狸是输家，笨拙而迟钝的刺猬则是胜者。

在两者的较量中，狐狸的思考无疑是低效的，因为它把刺猬当作一个复杂的整体来对待。这种思维决定了狐狸永远抓不住刺猬，它的头脑既丰富又凌乱，同时发展出了多个层次，难以集中思想，达成统一，并准确地找到刺猬的弱点。刺猬的思维和狐狸相反，它把复杂的局面简化成了一个"单一问题"：它要吃我，我要自保。于是，剩下的问题就成了选择什么样的自保方式。不管狐狸如何变化，刺猬在进退维谷的被动局面中都只有一个非常简单的选择——亮出自己的尖刺。

在管理学中有一个著名的奥卡姆剃刀定律，讲到了**"简单选择"**带给我们的极大的正面意义：我们做过的事情中有绝大部分都是毫无意义的，真正有效的活动只占很少的一部分，而它们通常隐含于复杂之中。只要找到了关键的部分，再把多余的活动去掉，用最简洁和直接的方式行动，成功就会变得非常简单。

这就是"如无必要，勿增实体"的核心精神——**注重本质，忽略其他**。当你懂得运用这项思维原则时，你就掌握了高效地定位和分析问题的钥匙。

学会简化目标

全球最大的连锁药店沃尔格林在与欧洲最大的药品分销商联合博姿合并之前，是一家历史长达百年的上市公司。在1975年到2000年的25年间，该公司获得了超过市场价值15倍的累积股票收益率，这是一个疯狂的业绩，远远超过了可口可乐和英特尔这样的绩优股。

当这个成绩被公布后，许多记者跑去采访当时公司的CEO科克·沃尔格林，请他解释公司取得如此惊人业绩的原因。没想到，科克的回答十分简单："成功没有那么复杂，沃尔格林公司的战略就是做一家最好和最便利的药店，让尽量多的顾客来支持我们。"沃尔格林公司最大程度上简化了自己的目标——做好方便顾客的事情，公司就成功了。

在具体的策略上，沃尔格林严格遵守了几个原则：

第一，药店地址的设置要方便顾客

为了实现这个目标，沃尔格林将所有不方便的店址全都进行更换，改到了顾客可以从不同方向进出的地方，也就是街道的拐角处。这样一来，路口各个方向的车辆和消费者都能轻松地到达药店，不用在街上找很长时间。

第二，药店间的距离要方便顾客

沃尔格林的连锁药店总是紧密地聚集在一起，设置原则是不必让顾客穿越好几条街区才到达。比如，在商业区的一英里内至少要有6到9个分店，就像北京的物美或华联超市一样，在城市中星罗棋布，随便走两条街道就能找到一家。

把目标简化以后，沃尔格林公司迅速实现了利润的增长。通过分配新增利润，又进一步加强了这两条原则，让各个连锁药店间的距离更短，更方便顾客购买，从而提高了"单位顾客光顾利润"。

当你知道如何简化目标时，你的事业就能够勇往直前。就像沃尔格林公司一样，让目标变得清晰直接，看到问题的本质，抓住关键部分重点解决，复杂的问题就会简单化，再大的目标也能找到有效的实现途径。

效率从简化开始

这个世界上存在两种类型的人：第一种人知道如何把复杂的事情简单化，不管生活还是工作都有非常高的效率；第二种人经常把简单的事情复杂化，本来很清楚的事项，到他的手中就变成了一团乱麻，最后越处理越糟糕，效率十分低下。

提高效率是从简化问题开始的。没有人能够背着行李游到对岸。简化问题，就是丢弃多余的行李，轻装上阵。这是将事情化繁为简的关键一步。你要抓住主要矛盾："我想做什么，我能怎么做？"所有的工作都要围绕这两个问题展开，任何与之无关不必要的因素都要隔离出去，保持"圈内"的简洁。

当问题保持简单时，工作就会变得轻松。复杂的问题往往让人在困惑中迷失方向，失去激情和动力。特别是那些需要人深入思考才能理解的目标和计划，总会使人退避三舍，难以提起兴趣。这样不仅会剥夺你工作的快乐和成就感，而且会让你错失实现目标的机会。但是，当我们把核心问题剥离出来，鲜明而清晰地单独呈现在眼前时，你就找到了明确的方向。让它保持一种简单而无歧义的状态，任何工作都会轻松起来。

到房间外面看一看

著名的贝尔实验室位于美国新泽西州，是世界第一流的科技研发机构，有11位诺贝尔奖的获得者都是从这里走出来的。凡是有理工背景的人才，都把能够进入贝尔实验室工作视作一种荣耀。如果有幸去贝尔实验室参观，你会在它的创办人塑像的下面看到一段话：

我们有时需要离开常走的大道，潜入到森林中，那时肯定会发现前所未有的东西。

这段话蕴含着对我们思维模式的启迪。它告诉每一个有志于取得成功的人——妨碍你获得突破性进展的最大障碍，并不是未知的东西，而是你已经知道的东西。为什么贝尔实验室可以培养出那么多的人类科技文明的精英？正是因为它鼓励**发散式创造性思维**。通过丰富的想象和开放的思考，你不仅能够开阔视野，还可以在发现问题的同时解决问题。

开放性思考：先跳出现在的环境

在针对旧金山的一家华人企业的中层干部进行培训时，有一节课我没有讲解任何理论知识，也没有讲述那些优秀企业的管理实战案例，而是在白板上直接写了一道题目请大家参与讨论。内容只有一句话："一块普通的砖头都有哪些用处呢？"我告诉他们，对这个问题可以充分地释放自己的想象力，尽可能地多想一些，想到的用途越多，说明讨论的结果越好。

由于这家企业是做建材和地产开发业务的，平时的工作与"砖头"有着千丝万缕的联系。所以，不少人都立刻回答说，砖头可以造房子、造桥、铺花园、垒围墙；还有人说可以用来修长城，建寺庙，甚至做成艺术品。总之，人们在书上可以查到的用途，他们全都想到了，回答也很迅速。

我摇摇头，问道："只有这些了吗？"

这时，有个人坐在一个很不起眼的地方大声说："砖头可以打人。"全场哄然大笑，纷纷对他行"注目礼"。但我却严肃地说："你们所有的人都被困在了一个已知的环境中，只有他跳了出来，给出了唯一不同的答案。"一个小时的课程结束后，这个人得到了该节课的最高分。因为他做到了从发散性思维的角度来思考问题，没有受到现有环境的约束。

让思维摆脱规则约束，向各个方向发散。在工作或者思考的过程中，你应该学会从已有的环境出发，以现有的信息为立足点，尽可能地向各个方向自由扩展，不要受已知的条件限制，也不必遵守现存的规则。它是多方向的，也是立体和开放的。你要尽量让思维保持自由发散的模式，让它肆无忌惮地释放深藏于我们潜能之中的想象力。

思维发散就是论证不同解决办法的过程。在思维的改变、发散、扩张和求异之中，重要的不是"思绪飞了有多远"，而是从不同的方向论证各种解决办法，再衍生出相应的结果，通过二次反馈，找到最正确的那一个方法。

换一个角度考虑问题

每个人都会遇到一些看似根本无法解决的难题，就好像不管自己如何绞尽脑汁，都不可能想到问题的解决之道。对此，美源伯根公司副总裁克莱瑞在一篇回忆自己的工作困境的专栏文章中说："当公司准备新的合并之前，我曾经有三个月的时间依靠安定保持睡眠。我的思考力似乎枯竭了，对未来似乎看不到丝毫的希望和光明。"这并不是一个孤立的只有他一个人遇到过的问题，每个人都会在自己的生活和工作中碰到类似情况。假如你也遇到了这样的情况，你会怎么办呢？

有一家图书馆在城市的另一端建了一座非常漂亮的新馆，准备整体迁移。但是我们知道，图书馆最多的"行李"就是书。作为人类的文明财富，书既娇贵又沉重。如果全都搬过去还要保持完好无损，足足要为此准备200万美元的预算。问题很"严重"，但馆长必须找到解决办法。他思来想去，琢磨了几天几夜，也想不到去哪儿才能筹到这么大的一笔钱。

这时有一个人就过来对馆长说："这件事一点都不难，我帮你解决，你只需要给我50万美元就可以了。不过有一个前提，就是你不能管我如何支配这些钱，我们还得签个合同，以免你言而无信。"馆长一听，感觉非常划算，就痛快地签了合同。

到了第二天，馆长差点被惊掉了下巴。因为这个人的办法十分简单，就是以图书馆的名义在报纸上发布了一条消息："从即日起，本馆将免费、无限量地向市民出借图书。市民只需在还书时把它送到本馆的新址即可。"消息一出，市民蜂拥而来，很快便借走了图书馆的大部分书籍。这个人又拿出10万美元，雇用了一个搬运团队，把余下的少量图书运到了新址。他非常轻松地完成了这项任务，不但替图书馆省下了150万美元，而且自己还赚到了40万美元。

这就表明，最有效的方法往往也是最简单的——**暂时放下正在思考的问题，走出这个环境，离开当前关注的焦点，换一个角度去重新思考**。只有你不再拘泥于原有的方向，总有一个新的角度能够帮助你解决问题。

CHAPTER THREE
眼力，看清要往哪里走

◆ 你一直在低头看脚下吗

◆ 成长太快不一定是好事

◆ 事先做好可能性规划

◆ 伟大的成功者都是预测家

有时候，并不是位置决定视野，而是视野决定了位置。成功者总在为未来布局，他们想到的是 10 年后会发生什么；他们知道将来的变化，坚持长远的判断，哪怕所有人都站在与自己对立的一面。因此，我们必须永远保持耐心——冷静地等待收获，不要染上"短视"的大众病。

想到未来五年？不，至少二十年

法拉利车队正带着"17年不胜"的耻辱记录经受着赛车界源源不断的口水——人们对法拉利嗤之以鼻。车队CEO蒙特泽莫罗此时作出了一个改变未来的决定：在1996年签下了已经两度赢得世界冠军的舒马赫。他决心对法拉利公司进行全面的重组，以求未来的某个时期重新崛起。在他的战略设计中，不仅要签下优秀的车手，还要对公司的员工管理，汽车设计，工程可靠性乃至商业赞助模式作出深入的变革。

未来会怎么样？没人知道，但在短期之内，这一战略是"糟糕"的，没有达到应有的效果。比如签约当年，舒马赫的赛车引擎就在法国大奖赛中爆缸了，车队的领队也提交了辞呈。看起来不但没有改变，情况反而更坏！人们纷纷指责蒙特泽莫罗，认为他的做法是一个错误。但他并没有因为这些短期内遭遇到的挫折而有所动摇——即便后面的四年中这些挫折仍在持续。蒙特泽莫罗的计划在5年后开始发挥作用，因为舒马赫为法拉利获胜的比赛场次和赢得的冠军数目比历史上任何一个赛车手都要多。十几年后人们才发现，其实在蒙特泽莫罗作出那个决定时，法拉利的时代便注定就要到来了。

微软创始人比尔·盖茨说过一句话："**我们总是高估了在未来两年内可能发生的变化，但却低估了未来十年可能发生的变化。**"造成这种境遇的正是长远判断的缺位——多数人没有从未来相当长的一段时期的动态变化来针对性地制订计划，采取应变，而是只着眼于当前的利益得失，这就决定了大部分企业和管理者的命运，也说明了为何有**90%的创业者都会在5年内"死掉"**的原因。

拒绝长期规划就等于退出竞争

我们的一个小组对全世界的企业家在制订战略时的"聚焦时间段"进行了为期两年半的调查。结果发现，大约67%的公司仅仅着眼于三年内的目标进行规划，甚至只对眼前一到两年内的市场变化进行预测。另外有30%的公司能够着眼于未来的5到6年，愿意预测和分析届时的经营环境。遗憾的是，只有不到3%的公司和管理者能够制订超过10年的长期规划，看到并预想到"自己在10年后应该做什么"。

这个结果并不出乎我的意料。不少企业家接受我的采访时都表达了自己的观点，他们觉得未来的"**不确定性因素**"太多了，市场每天在变而且未来自己不一定会一直从事该行业，所以更长期的战略规划是不必要的，也是浪费资源的。有位创业者就曾经对我说："我感觉把短期战略做好，就能给自己捞到一桶金了。至于10年后会怎样？谁关心呢！"这种看法和我以前遇到的一位美国密歇根州的企业家雷森特的意见是相同的。雷森特做的是从加拿大进口木材的生意，他十分不屑做计划：

"看那么远干什么？谁知道明年加拿大政府会不会突然禁止木材出口呢？我只想保证未来6个月的生意，而且也只能看到这么远了。"

对企业的业务产生真正影响的确实是短期规划——它反映在当前公司的账上，是可见的能够赚到的钱，也是老板与员工能否生存的命根子。然而，如果你的思维无法超越短期规划，制订未来10年乃至20年的发展计划，就等同于你每天都在重复一种没有明确未来的短视行为，从而忽视那些可以真正地威胁到你的长期竞争地位的环境变化。

雷森特的木材进口公司还能维持几年、几个月呢？我对此是深表怀疑的。假如加拿大政府限制了这桩生意，导致他的公司突然倒闭，恐怕也是由他的短视和侥幸心理造成的——他没有对政府的思路与行业政策做深入的研究与长期预测，一厢情愿地以为当前的市场会持续下去。

愿意效仿蒙特泽莫罗和法拉利的"长期战略"模式的人并不是太多，这决定了真正优秀的可以形成世界性影响力的公司是少数的，能够承受远期市场变化的企业家也屈指可数。经济在衰退，各行各业都处于一种淘汰加剧的收缩状态，因此大部分的企业高管都怀着"避免被淘汰"的短视心态忙得不亦乐乎。他们觉得，长远投资不是问题，生存才是大问题。所以在我的调查中发现，"5年战略"是普遍的企业家思维。

举例来说，当互联网平台以不可抵挡的秋风扫落叶之势席卷一切行业时，许多传统的实体零售公司仍然拒绝对未来20年的经营思维作出正确的预测和迅速转型，总以为威胁虽大但仍能生存，所以依旧将重点放到店铺的选址、经营模式的提升与不计成本的产品营销上。这么做的结果便是，在一定程度上提高了短期收益，却未让企业做好迎接未来艰巨的挑战。我对此的评价是——这无异于宣布退出竞争。就像已经破产的美国第二大连锁书店Borders。

问题1：将短期与长期区分开的规划思维

多数企业在做规划时，习惯性地将短期与长期分开对待，认为长期远景不是目前要考虑的问题，先做好眼前的事情才是务实的。一旦企业家这么思考，长期趋势就永久地从他的视野中消失了，因为事实上，每一个长期趋势都会随着时间的流逝慢慢转化为他眼中的"短期市场"。他会一直被动规划，很难主动应对环境做出根本性的调整。

问题2："赚一天是一天"的经营思维

有的老板斩钉截铁地告诉我，他不准备考虑10年后，或许再有两年他的公司就关门了，何必为可能不存在的事业大费周章呢？这便是彻头彻尾的投机性的经营思维，既没有全景视野，又没有长期考虑。只要今天还赚钱，就不必为明天忧虑。如果你也用这种心态对待工作、经营自己的企业，未来的黯淡是可以预见的。你对未来不管不顾，未来就会对你弃之不理。

你可以研究一下各个行业的"领先者"，看看那些顶尖企业的带头人是如何规划未来的——他们很少陷进短期思维的泥沼之中。相反，他们通常把自己的战略眼光延伸到20年后，甚至能够设想未来的半个世纪会发生什么，看到隐藏在规律背后的必将发生的事实，像苹果、谷歌、大众汽车、华为等企业的管理者们。你想得越远，投入得越早，就有更多的时间来建立优势，培育相关的能力。远见会为你带来丰厚的回报。

思路决定出路：看多远，就能走多远

当云计算技术出现时，TCL的董事长李东生立刻就感知到了未来的变化。他说："思路决定出路，未来的十年将是一个由战略驱动并且由战略制胜的时代，云时代就是TCL的未来。"在互联网从基于PC终端发展到移动互联和云计算时，他马上提出了"全云战略"，力求把握将来10年的先机。

这一战略的发布，展现了李东生超前的眼光与敏捷的判断力和果断的决策力，不仅帮助TCL集团抢得了智能云产业的发展制高点，也为企业找到了新的市场突破口。在这一基础上，TCL联合中国的互联网巨头腾讯共同推出了ice screen这一革命性的"一站式在线生活"的全新智能终端，实现了跨界整合模式的创新。最终，远见为TCL带来了持久的利润，并且占据了强大的优势地位。

对未来再迷茫，也要想到20年后。远见是一种稀有的品质，它考验人对未来变化的耐受力和长远规划的能力。在瞬息万变的市场上，你愿不愿意静下来看到更远的地方？你能不能耐住性子等待未来的积极变化？不管现在处于什么境况，都应该尽量想到足够远的将来，为长期的可供使用的模式进行规划，而不是被短期利益诱惑，放弃了对未来的控制权和竞争的主动性。经济越困难，企业家就越需要远见。

有长远计划，才能获得持久优势。你或许是一个理性冷静的人，不会对未来感到迷茫，但你仍然需要制订长远计划。想到不等于做到，做到就必须有切实可行的规划，否则你还是会徘徊在原地，难以前进半步。想走得更远，就要理性规划，不要对眼前得失斤斤计较，要用一种积极和开放的态度迎接未来的20年。

短视是一种大众病

伊利诺伊州的一个年轻人哈登拿了父亲给的10万美元准备创业，向我请教成功之道。他风华正茂，非常想快点有自己的事业，赚到大钱。当时正值盛夏，办公桌上摆了一盘切开的西瓜，我就拿出三块大小不等的西瓜放到他面前，问他："每块西瓜都代表一份收益，你选择哪一块？"

哈登想都没想："谢谢，当然是最大的这块了！"他拿起来就吃。

我说："那好，我吃最小的这块。"很快我就吃完，然后拿起另一块，大口地吃起来。哈登这时明白了我的意思。虽然他挑了一块最大的西瓜，我挑了最小的，但我吃到肚里的却比他多。如果这是做生意，我赚到的钱就会比他多一些。

"西瓜"是我们的目标，是奋斗所得。你要想成功，就要学会把眼光放远一点，放弃当前看似最大的利益，寻求长远收益。少数成功者正是这么做的，所以你才会看到成功的企业家不会为了一两年内的好收成放弃未来十几年内的大市场。他们愿意舍弃眼前的东西，换来长远的回报。但对大众来说，多数人都会选择"最大的西瓜"。

你一直在低头看脚下吗

哈登说："我在选择面前困惑不已，亲人朋友都劝我拿这笔钱做些能够短期见效的生意，比如在州府或郡府所在地开个餐馆。但我觉得，当地的餐饮业快饱和了，即便这两年还能赚到钱，可能三年后就无钱可赚了，竞争很激烈。我想到纽约发展，开一家服装设计公司，因为我是服装设计专业毕业的，同时对这个行业很感兴趣。但我也清楚，一开始很难赚到钱。"

这是两种不同的选择：低头看脚下，或者抬头看未来。在普通大众的眼中——他的亲人朋友——先把"能赚的钱"拿到手才是正经事，至于未来怎样，不是现在考虑的问题。如果你有一笔钱，准备做点什么生意，我相信多数人一定也会这么劝你："孩子，干点稳当的事情吧！"看着脚下，别摔倒，这就是稳当的含义。但将来呢？很多人都缺乏对市场的洞察力和长远规划的应变思维。

一切急功近利的思考与行为都是短视的，这是大众病，因此也决定了为何顶级成功者是如此稀少。而你也想继续这么做吗，跟随他们的脚步继续亦步亦趋吗？我对哈登的建议就是："让你的心牵引着向前走，让你的头脑引导你作出决定。"别听任何人的，穿透现实的迷雾，想想未来的三十年自己最想做的事业，再看看有没有市场，你就知道应该如何思考了。重要的是，不管决定干什么，都不要只盯着眼前的收益。

"短视者"缺乏重大的"变革思维"

从深层次的角度来说，是否有长远目标，决定了一个人有没有作出重大变革的勇气。跟从于现实容易被视作"务实"，也意味着较少的阻力和较低的风险——不需要变革就能见到短期的效果。这反映了大众的一种基本心态：得过且过。

我曾经去江苏一家企业考察，总经理明明知道企业再这么下去是很危险的，却迟迟不愿作转型的决定。"卖袜子的利润已很微薄，这我清楚，但是改变企业的业务结构代表着要经历调整管理层、裁员、引入新生力量、融资等一系列的阵痛，企业是否能承受，我是否能驾驭？"这便是他的担忧。他在骨子里缺乏"变革思维"，因此只能当一名"补锅匠"，过一天是一天。那么，作为一名管理者该如何培养自己的管理思维呢？

首先，不要把"暂时的好转"错当成"市场的转机"。有些人抱着投机心理纵容自己的短视，他会把一些市场"暂时的好转"看作转机，认为不必进行根本性的调整。去年经营困难，赔了100万元，今年偶尔拿下一个大订单赚到了30万元，他便觉得市场变好了，就继续这么维持下去。可是明年、后年呢？他几乎不进行客观预测，而是任由双眼被蒙住。想真正看到远方，找到自己应该走的方向，就得克服这种侥幸心理，直面现实。

其次，一个正确的长远规划需要漫长的时间来实现。人们对于长远眼光的认识并非是完全关闭式的，但却缺乏耐心。有的人也喜欢做远景规划，也能看到将来自己需要怎么做，但坚持不下去——或者坚持不了多久。他们不知道，越是伟大的成功，就越需要足够长的时间来实现量到质的转变，甚至要10年以上的时间来完成。所以你要有一种"十年种树"的思维，要有超强的意志力并为此做好充分的准备，比如需要充裕的资金支持来度过这个必要的阶段。

在今天的世界，看到明天的未来

"李嘉诚究竟在想什么？"这是近两年来无数的政评家和财经评论员经常揣摩的一个问题。我们知道，这几年的媒体报道一直在炒作"李嘉诚从中国撤资"的话题，认为他正有计划地将资本从中国大陆和香港地区转移出去，似乎是一种"资本逃跑"行为。但事实真相也许会让你大吃一惊，并完全转变之前的观念。要想理解李嘉诚的行为，就要用他的"思维方式"去思考，而不是普通大众的。

从2010年起，李嘉诚的公司开始在英国投资，到2015年已经超过了四百亿美元。涉及的项目众多，涵盖了电信、电力、基建及房地产等诸多行业。比如英国电网、英国水务、英国管道燃气、诺森伯兰自来水公司、曼彻斯特机场集团等。一系列的大手笔投资让长实集团成为了英国最大的单一海外投资者，大有"买下英国"之势。

他的动机是什么？无疑这是人们最感兴趣的。但我认为应该换一个方式来问这个问题：**"他对全球市场未来的判断是什么？"**这才是李嘉诚做出如此重大决策的直接原因。有人在往欧洲"跑"，也有人在往中国

"来"，如果不能获利，没有人会把自己在一个地方辛苦几十年打好的基业全部拆走。李嘉诚这样的人更不会。跨国资本流动的内在驱动力，并不是大众揣测的"转移资本"，而是基于这些企业的当家人自身对未来市场的全景判断。我们应该研究的是他们从市场的变化中看到了什么。

从"圈子里"走出去，看看另一个圈子

在英国投入如此巨大的资金，是因为李嘉诚对英国做出了**"别人没有看到"**的判断，展现了他敏锐的洞察力与果敢的决断力。英国是一个老牌的资本主义国家，思想保守，传统深厚，行事僵化固执，这导致英国政府的决策效率较低，经常陷入互相扯皮拉锯的状态。所以海外投资者甚至它本国的资本都对英国不抱信心。

但是四年前，李嘉诚却从中看到了不一样的东西：

第一，英国的基础设施已经非常陈旧

英国绝大部分的基础设施都是几十年前的产物，不仅陈旧而且落后。这由历史决定，但却意味着机遇。李嘉诚对英国有深刻的了解，于是果断出手投资电讯、码头、机场、水务和电网等重要的经济发展的基础行业。在他看来，英国人必定会寻求重振经济，届时这些基础项目都将获利颇丰。

第二，卡梅伦政府正致力于以开放的态度重新振兴英国经济

卡梅伦政府上台后，加大了英国对外开放的力度，对外资进入英国大开方便之门，制订了大量的优惠政策，提供了各式各样的环境和条件便利。这就为李嘉诚创造了一个比以前优良的投资环境，减少了投资成

本。在别人还在犹豫时，他马上动手了。

近年来的事实证明，李嘉诚走出了无比正确的一步。他站在全球的角度看到了一种宏大的经济趋势——英国向中国的靠拢——并提前一步布局，让自己占据了先机。他不在乎短期需要投入多少钱，因为他获得了未来的30年甚至更久。

比如，英国和中国在一年内接连签署的合作大单，金额高达400亿英镑，许多中国企业也蜂拥而至，希望抓住英国向海外资本开放的这一历史性窗口。这些优秀企业正在做的事情，难道不正与李嘉诚当初转移投资方向时的决定相同吗？我们现在也看到，在中英签署的400亿英镑的大单中，李嘉诚成为了最大的受益者之一，因为这个大单涉及的150多个项目都离不开英国的电讯、码头、供电、供水、燃气、机场及铁路等基础设施的支持。

你要在"别人不理解"时看到机会

当越来越多的人从这些逐渐发生的变化中"后知后觉"时，有人惊呼："李嘉诚又赢了！可为什么我没有提前看到和想到？"经常来往于香港与深圳的英籍企业战略管理学专家米兰达说："这恰恰是卓越的企业领导者的过人之处，他能在别人尚不理解时看到机会。当他开始做一件事情时，甚至有很多人误解，但最后你会发现自己完全属于另一种思维，你可能永远学不会这种本领。"

错失良机的人对市场总是缺乏预见力，他们目光短浅，麻木迟钝，哪儿人多就往哪儿去。就像你身边的人一样，或许有时你也跟从这些人的脚步，没有全景心态，没有自己的判断，也没有迎接变化的准备。但真正的成功者是相反的——

不管大众是否理解，他坚持自己的方向，并明白自己在做什么；

不管别人是否支持，他从不多做解释，而是努力把握机遇；

当人们开始理解并支持时，他已经成功了。

这就是应变思维为成功者带来的全景视野——超越现实的阻碍，看到未来的变化，并能在综合分析的基础上快速做出决策。要拥有这样的能力，就必须对自己的思维进行一场深层次的变革，为头脑打开一扇"天窗"，具备360度的观察和思考角度。

你要培养自己的前瞻性视野。没有前瞻性视野，人就不具备战略思维。它要求你在思考一个问题时向前看，学会分析比较久长远的趋势，而不仅是受困于现实。

你要调整当前的短期战术。看看现在有多少行为是受到短期决策驱动的？当你决定放眼未来时，就得把短期战略降低到战术的层面上，要重视它，但不要过分依赖它。就是说，短期战术的制订必须以长期战略为依托，由长远的目标为它提供导向。"长短结合"助自己取得成功。

你要有野心成为影响行业的人。即便不能建立起独树一帜的"市场地位"，或者在10-20年的时间内长久地成为赢家，占据金字塔的塔尖，也要争取影响行业的发展。伟大的企业执行官们都希望由自己改写行业的历史，而不仅限于赚钱。他们最大的目标是把自己写进行业的历史。你有这样的野心吗？

你要提前看到风险并想到"决定性"的应对战略。对不确定因素最好的应对办法就是尽量拉长计划的时间长度——着眼于一个长期的远景，计算风险和收益。不过，它并不意味着鼓励你忽视风险，而是用"趋势"来有效地管理"不确定因素"。只要你看到了长期的大趋势在何时、何地、以何种方式发生，就相当于找到了预防风险的钥匙。

用全景视野为自己制订一个长远战略

长远的发展战略是成熟的企业家与年轻的创业者都要面对的问题。它就像盖一栋房子，你不可能把材料买好放到原地就不管了。接下来你要设计图纸：

我要盖一栋什么样的房子？

我的房子是中式风格，还是西式建筑？

我的房子准备使用多少年？

这使用年限内，遇到地震能不能扛住？

即便一栋普通的房子，你也要考虑很长远的问题，更不要说管理一家企业或者去做自己的事业了。所以你必须在一开始就摆脱短期思维的束缚，放眼未来为自己制订战略。在战略的制订过程中，要采取全景思维，要有应变的心态。

即——

看到至少20年内的趋势：行业的、市场的、产品的、技术的、潜在需求的变化趋势；

看到自己全部的优点和缺点，知道自己有什么和缺什么；

看到同行们都在干什么，数数你有多少已经出现的和潜在的竞争对手；

看到消费者都在买什么，问问自己他们凭什么要买你的产品和服务；

看到你的团队都在想什么，说服他们放弃短期思维，和你一起着眼未来。

要做到这些并不是一件容易的事，因为即使世界级企业的CEO们也经历了许多强大的阻力才成功地让自己和团队具备宏观视野。"短视"是人的本能，是人性的一部分，你要步步为营并采取坚定的步骤，克服所有可能阻挡你的视野与思维创造力的障碍。

第一步，克服内部的"思维阻力"

科斯塔说："在多年的采访中，我发现拥有长期战略规划的公司CEO们谈到最多的阻力是企业内部的固有文化和思维，这是他们面临的最大问题之一。就连扎克伯格这样的对公司具有绝对掌控权的领导者也遭受过管理层成员激烈的'**决策反抗**'。"思维阻力的能量是极其巨大的，它既决定了管理层旧有的战略倾向，又极大地影响未来的选择。所以，克服这种阻力是一场异常艰难的工作，但你必须一往无前，无所畏惧。一个快速有效的方法是重新设定关键的绩效指标，以强有力的激励措施改变团队的思想，让他们从远景战略中得到回报。

第二步，调整和设立长期的目标与计划

同时，你要重新评估当前的业务，认真地进行长远性的思考，调整目标，设立长远计划，以应对市场可能发生的长期变化。但这并不代表你要把未来十年以上的支出和收益全都规划出来——这是不可能的，而是对未来的市场做一个远期的宏观定位，深刻认识到行业将来可能发生的变革。这个长期的目标与计划是为了培养实力，增强对市场变化的驾驭力，针对"不确定性"制订方案。

第三步，把短期目标作为战术工具，并树立自己的长期战略

两者要充分地结合起来使用，互为补充。根据我的经验，你可以对企业的战略进行"逆向追溯"，从未来向现在推导——明天要实现的远景计划需要我今天怎么做？再从现在向未来延伸——今天的做法会导致明天发生什么变化？这样就可以把长期战略需要的能力落实到短期的经营和管理中，改善你和团队的思维模式，最终衍生出"足以胜任"的正确的行为模式。要学会同时管理短期和长期的目标，并且把两者之间相互关联起来，彼此促进。

第四步，拓宽你和团队的视野

要养成一个敏锐的习惯，时刻留意那些大的趋势，并觉察它的变化。人的长期视野不是静止不动的，也不是一蹴而就，因为那些能够改变未来环境的因素总在发生变化，甚至有可能逆转。所以，为了掌握真实的动态的信息，了解到趋势对于企业的潜在影响，就需要持续的观察和调整。为了实现及时的反应，你要拓宽视野，向团队成员传递这些信息，把他们动员起来。**不是所有的人都喜欢"睁眼看世界"**，但你至少应该让他们尝试思考和建立一个"十年战略"。

第五步，一旦确立远景方向，就必须坚定地执行下去

当你看到一个远期的前景时，就要坚持下去，不可半途而废，否则这比"低头走路"的后果还可怕。在经历短期的挫折时，不要犹豫。如果能坚持不懈地深谋远虑和立足于未来，你总会得到积极的结果。

也许你会告诉我："没错，先生，我从不否认长期战略思考的好处。我看到即将发生什么，但我如何躲过短期不确定因素的打击？"这些"不确定性"杀死了无数企业家，让很多心怀壮志的人在半路改变了自己的思想。

"持之以恒的坚持"并不是一个冷冰冰的物理条件，而是对于自身精神力量的激励。为了实现这样的目标，你能采取的最佳方式不是忐忑不安地等待命运的宣判，而是提前让自己适应行业、市场及环境的变化，提高应对风险的能力。假如没有这样的准备，你可能迈不出第一步便已经被淘汰了。

从"危机"中看到需求

　　约翰·洛克菲勒是一位极为冷静同时又冷酷无比的商业天才，他除了拥有在竞争中无情的扩张手段，对危机的判断和对趋势的预测更有着当时旁人无与伦比的眼光。洛克菲勒少年时命运多舛，由于家庭贫困，他很小就出来工作，跑到俄亥俄州的克里夫兰市做了一名普通的簿记员，并进行适当的投资业务。但在1857年，就在他的工作似乎走上正轨时，一场经济危机爆发了。

　　年轻的洛克菲勒没有像其他人那样惊慌失措，比如向上帝哀叹、抱怨等。恰恰相反，他始终认为上帝是站在自己这边的："如果发生了灾难，也是上帝在告诉我必须做点什么。"他的冷静战胜了压力，没有抱怨经济的动荡，而是努力观察人们的反应。他要看看外面的市场有什么变化，并从中寻找自己的机会。

机遇是灾难的"副产品"

当洛克菲勒看到一个勘探站冒出的滚滚石油时，他突然意识到自己的人生机遇终于到来了。他马上融资开设了自己的第一家炼油厂，为美国经济开启了一个新时代：他要让所有的美国人都使用他生产的煤油照明。

高度的理性与冷静让洛克菲勒从不畏惧"灾难"，反而总能从经济的动荡中获得良机。比如美国内战和之后的三次经济恐慌，他都借机大发其财。到1877年，洛克菲勒已经控制了美国98%的石油市场份额，垄断了全球的石油市场，成为不可一世的"石油大王"。这是由于他在危机中从来都保持着独有的耐心，他的对手们却总是匆匆地抛掉企业的股份、保本离场。

伟大的成功者都不是"怀疑论者"，从来不会怀疑市场的最终命运——是破产还是消亡？不，他们想到和看到的永远是隐藏其中的机遇。

让自己懂得适应行业的变化

市场不利的变化只能将弱者淘汰，对强者没有什么根本性的影响。强者就是那些在灾难来临时抓住机遇，适应变化，并让自己继续强大的人。转身逃掉是最糟糕的做法，留下来安静地观察然后让自己适应新的局面，才是你应该做的。

如何才能适应行业的变化？

应变：事先做好"可能性规划"。壳牌公司为全世界的企业创造性地率先使用了这一战略规划方法。他们对未来一段时间内的一切关键的"不确定性"因素做了全面的分析，对未来的可能性进行不同角度的展望，推测出最有可能发生的场景，然后做出一份可靠的"可能性规划"。重要的是把未来前景、市场变化与竞争对手等所有元素均考虑在内，勾画出各种可能性，提前看到可能发生的各种结果。

持久的"对比与分析"：如果这样做，效果会怎么样？ 即使信息模糊、难以精确定义，也要对目前不佳的境况做出几种不同的变化预测，再制订未来的方案进行假设。通过推演工具解答问题，提供决策参考，帮助你找到思考当前问题的客观方式，从而不至于像大部分人一样束手无策，甚至做出错误的决定。

坚持用"探索式"思维做分析和决策。 探索是人类文明发展的主要动力，也是个体、企业和一个国家得以成功的保障。激发自己的探索思维并用它分析问题，进行决策，会帮你在新思路的激荡碰撞中逐渐找到最正确的方向。比如，你可以制订多个方案，同时采用不同的方法分析问题，建设多条解决问题的路径。当未来变得清晰时，或者在情况糟糕时，你就可以从容地选择最明智的方案。你也可以制订并推行多个——哪怕是相互矛盾的战略方案，以便保留自己的选择权。

从危机中抓机遇，去改变和引导行业

去年年底，中国经济的转型到了最关键的突破阶段，同时也是许多行业最困难的时期。春节前，不少原来很赚钱的企业家打电话来告诉我，他们要清理资产了。不用问就知道，肯定是经营不善，资金链断裂后必然出现关门大吉的结果。2016年的1月底，我到广州一家企业探访，它的带头人应付"危机"的独特方式却让我眼前一亮。因为他的方法不是到处借钱缝缝补补，是干脆把企业的管理、业务乃至价值观结构通通打破，借着产业升级的政策环境开展了一场轰轰烈烈的"变革计划"。

总经理石先生说："我们是做运动品牌贴牌代工的，危机早在5年前就开始了，不少公司都往越南、印度搬，我也派人去考察，发现那边环境更不好，没有国内这么优质的基础设施条件，也没有这么强的人力资源保障。所以，当时我做出的决定就是继续留在国内，而不是和他们一起往东南亚跑。"

留下了马上就会变好吗？当然不是。随着企业的效益越来越差，人工成本越来越高，石经理认为必须看到这个行业的未来——将来做什么，才能生存下去，并且生存得很好。当然是向上游发展，做出独有的品牌，让别人跑来求着为自己代工，独立自主才是长赢之道。下定决心时，正是他看到有史以来最差的财务报告的那一天，情况不能再坏了，随时会关门。他重重地拍了一下桌子，狠命地抽了一口气，对几名管理层的部下低吼道："如果我们的改革能成功，那么明天我们就是行业的老大！"

正是在逆境中怀着如此强烈的自信，看到了如此光明的未来，石经理和他的团队坚定了决心，统一了思想，当天晚上就开始拟定企业的重组战略，制订了一份涵盖未来15年发展的三个阶段的长期计划：

第一个阶段——两年内清理和分割企业的不良资产，包括清退部分改革后不再需要的员工；

第二个阶段——五年内完成新的人才准备及品牌策划，并实现初步的融资，更新企业的管理层；

第三个阶段——十年成功地开发企业自己的运动品牌，并让它在市场上占有一席之地。

石经理的眼光长远，同时又不盲目冒进，制订了富有创意的长期战略并坚定地予以实施。现在4年过去了，结果怎么样呢？他说自己惊喜地发现，原来只要找对方向，不到5年的时间公司就实现了原定10年的目标，成功地开始了自己的品牌。

"危险？那只是弱者的名词。"他说，"谁的目光可以穿透危险找到机遇，谁就能笑到最后。这要求我们一定冷静看待暂时的困境，多想办法而不是琢磨退路。"

像洛克菲勒和石经理这样，能够在危机中抓住机遇的人方能改变命运并且在一定程度上影响所在的行业。如何成为行业的推动者，这是不少创业者和企业家想都不想的问题，但它做起来并不难，关键在于你的眼光与判断力。

为自己制订一个可以影响行业的"蓝海战略"。如果说短期战术属于"黄海（近海）战略"，那么长期战略就属于"蓝海战略"。当你居于弱势地位时，你要采用可以超越传统的竞争策略，去创造全新的竞争模式来改变行业；当你居于强势地位时，则要尽量建立规则来引导行业的发展。像洛克菲勒那样在垄断后试图杀死竞争的行为，从市场道德的角度看当然是不可取的，但你要争取让自己成为竞争的引导者。

越深处危机，越要相信自己有一个理想的未来。在内心要永远为自己的理想保留一个容身之地。危机来临时，你将体会到它有多么宝贵的价值。理想的支撑，是你战胜"危机恐惧"的强大动力，也是帮助你立足当下、培养能力并逐步让理想变成现实的保证。一个有理想的人总能看到未来很远的地方，反之则只能看到他脚下的方寸之地。

假如你希望自己的事业（企业）在5年甚至10年后仍然能够继续存在，那么你就要做好准备迎接源源不断的挑战和变化——其中很多挑战和变化是你不想接受的。你要克服危机中的短视，为明日的成功和持续的盈利创造条件，就要有革新的勇气和耐住性子"等候转机"的毅力。简言之，有很多短期的战术工具可助你应对危机，但它们不具备决定性。越是危机来临，你越需要长期战略的帮助，看到结局才是我们主要的目的。

始终坚持自己的判断

2015年10月21日，科罗拉多州一家企业的CEO霍尼·派克到华盛顿参加ASTD（美国培训与发展协会）举办的一场"企业家智慧"论坛。派克的公司总部设在丹佛，主营业务是建筑材料。这几年整个美国的制造业形势都不太好，政府倡导多年的资金回流美国的计划收效甚微，这导致大量的建材公司的倒闭速度并没有放缓。不过，他坚持与经济学家保持距离，用自己的眼睛发现，用自己的"心"判断，最后得出的结论是：我要做这个行业最好的公司，不但要活到最后，还要活得很好。

派克相信自己对未来的判断，认为只有一线的企业家最能感受到经济的变化，预知未来市场的走势。他说："美国在将来的十年内必将迎来再一次的制造业复兴，因为全国各大城市的基建设施普遍到了使用年限。所以，建材公司的前景是乐观的。"他拒绝了两位经济学家劝他撤出行业的建议，而是坚信自己的判断。

阿里巴巴的董事局主席马云也在一次演讲时表达了类似的观点，他说自己是非常尊敬经济学家的一个人，因为经济学家总结过去，研究和发现商业模式，并建立模型来预测未来。作为研究经济的专家，他们有对的地方，但马云同时又说："企业家才是最能够感到经济变化的一群人，在对未来市场的判断和对机遇的把握上，企业家总有自己的优势。如果你总是听经济学家的预测，那么就会有大麻烦。"

我发现不少企业家——大概**超过90%的人都喜欢到经济学家那里寻找答案**，听取他们对未来的预测。比如预测和计划将来的20年："我能做什么，我能怎么做？"他们跑去征求建议，却忽略了自己的判断力。这个时候，他们便失去了作为企业家的自信。

和"华尔街气质"截然相反的人

像在本书一开始我提到的两位毕业于名校的年轻人一样，很多人来到华尔街工作仅仅几个月后，就变成了彻底的不可逆转的"华尔街人"，浑身上下散发着一股浓浓的铜臭味——这是属于华尔街的味道，是华尔街一百年来赋予人们的独特气质。它在鼓励和发掘人性中的逐利动机时，也使人逐渐丧失了独立的判断力甚至是冷静的头脑。

在2008年的金融危机结束后，巴菲特曾经说过一句话："谁能让思想走出华尔街，谁就能赢得金融市场。"他表达了自己对投机者和跟风者的极大蔑视，认为一个投资者如果不能对市场做出仅属于自己的判断，注定会一败涂地，不可能取得最终的成功。市场就像一个生命体，它完全有自己的运作规则，并不受人力的左右。你能否站在远处观望它，洞察它，发现它的弱点，决定了你的思维模式和行为模式是否经得起考验。

作为全世界最强的投资者之一，以及哈撒维公司的创始人，巴菲特一直秉承老师格雷厄姆的"价值投资"理念。他不跟风，对市场向来有自己的判断。他喜欢买"便宜货"，而不是跟在人们身后追逐飞速上升的股价。在人心躁动的华尔街，他就像一个冷漠而行动迟缓的老者，似乎做什么都要晚别人一步，可他总是那个笑到最后的人。

他说："我不喜欢待在纽约，尽管那里是世界金融中心。我把一年中的大部分时光送给故乡的小镇奥马哈，在这里我是快乐的，也是冷静的。我能想到许多在曼哈顿想不到的东西，发现许多在交易所看不到的问题。"

在奥马哈，巴菲特的房间布置得极为简朴。里面没有电脑和成群结队的市场顾问，只有两种东西：由年报和报纸组成的信息资料，以及一部电话。巴菲特不止一次地透露他最喜欢看的是大量的企业年报，因为从这些信息中他能敏锐地判断哪些才是真正的"便宜货"，然后通过电话发出买进的指令。

有很多股票是大众不看好的，包括相当数量的专业人士，但巴菲特有自己的看法，他坚持买进这些与热点和流行的观点相悖的股票。他不但买进，还会长期持有，用数倍的盈利回击"大众观点"。在他的投资生涯中，最典型的一个案例当数《华盛顿邮报》。当时没人看好这家报纸，但巴菲特认为这是一家值得在未来二十年内持有的优质股票，因为他看到了邮报的内在价值。结果证明他的判断是正确的，别人都错了。

当大众狂热时，你看到了什么

不过，当股票市场极度狂热时，人们纷纷涌入，此时的巴菲特反而会感到危险的临近。他本能地退缩，选择退出。巴菲特说："我看不懂这个狂涨的市场，我的灵感在枯竭，因此不能理解人们的行为。我的决定就是卖空股票。"于是，往往就在他撤离后不久，大规模的股灾就会降临。

当大众十分狂热时，像巴菲特这样的头脑看到的是灾难的临近，而不是丰美的蛋糕。他冷冷地站在一旁，等股市布满尸体并且人心惶惶时，他再进去收拾残局。每次股灾后巴菲特都收获颇丰，他拣到了大量的有价值的"便宜货"，为未来数十年的获利奠定了坚实的基础。股市跌到谷底时，这时的价格非常低，到处都是抛售和等待上帝伸出援手的人，他很容易就能大量吃进。不客气地说，这就像一场巨大的潮水退后在海滩拣咸鱼的游戏。

聪明的企业家一定都像巴菲特一样——保持克制，并做出自己的判断。不狂热地跟在别人的屁股后面。否则，你既赚不到最大的红利，也无法成为行业的领头羊。相反，在市场疯狂的表象背后，你如果不运用全景思维去理性分析，就会忽视那些最危险的信号。

乐观既是大众的优点，又是致命的盲点。缺乏独立判断力的人总在狂热跟风时被残酷的事实教训。这些极度兴奋并输得一无所有的家伙是赢家的陪衬。乐观不好吗？它当然是一种难能可贵的优点，但你要把它用到自己清醒的判断上。

看到狼藉背后的机遇，与大众"异向而行"。人们会对糟糕的市场胆战心惊，于是连明明非常正确的常识也不敢去相信。但在此时，你要保持勇气。就像巴菲特一样，敢于在众人都不看好时第一个进入。因为这时才会有占便宜的机会，它往往千载难逢。

成功是马拉松，不是冲刺跑

像科斯塔在自己的专栏中所说，Facebook 的创始人马克·扎克伯格是一个不折不扣的产品天才，他拥有几乎无穷尽的创造力与实现梦想的冲动。但他同时也明白，技术或者内容并不是商业的中心，真正值得尊重的是"人的力量"。他要建立的是一个信息透明的世界，他也清醒地知道要为此付出多大代价。

因此，扎克伯格在内部会议中经常说的一句话就是："不要跑得太快，要看清我们应该做什么。"这不仅体现了他卓然不凡的顶级战略领导力，而且是 Facebook 之所以能够成功的最重要的原因。他说："成功是一场马拉松而不是一次短跑冲刺，让产品一鸣惊人固然是公司的追求，但清楚地知道何时放慢速度，何时全速前进，才是决策者要重点考虑的。这要求我们做到放弃、克制和坚韧。"必要的放弃与克制，是为了看清远方，让资源得到更合理的分配，避免在快速的冲刺中失控。这是强大的战略思维能力的表现，现在很少有企业家能表现得像扎克伯格一样，在巨大的利益诱惑前像磐石一样坚定和冷静。

"成长太快"不一定是好事

扎克伯格有这样的感悟，是他看到了与Facebook同时代的交友网的兴衰历史。作为一家同样有实力的社交网站，交友网的用户增长速度非常快，结果公司本身的技术基础支撑不起庞大的用户数量，平台运行缓慢，最终又被用户抛弃。"快速成长"战略这时体现了它致命的一面：当企业没有做好准备时，成长太快就等于大步跑向死亡。

所以，当Facebook可以在更多的学校拓展更广阔的用户群时，扎克伯格却小心翼翼地放慢步伐，有意放缓对用户需求的满足，以确保公司的服务器能够"绝对应付"，而不是"勉强跟上"用户数量剧增的新情况。他把专注力放到了升级服务器与数据库的工作上——他着眼的是将来能容纳多少用户，并让技术基础达到这个标准。所以Facebook的服务器总是保持可以容纳比现有用户多出10倍的技术能力。

知道何时说"不"是应变思维的一部分。"放弃"是战略思维的重要部分。普通人从不想放弃——除非走进死胡同，但优秀人物却能提前看到哪条路是走不通的，然后规划好路径。有些事情你要看到它的"可能性"，假如是很难走通的，就要及早说"不"。比如扎克伯格曾经开发了一款名为Wirehog的软件，是一个彼此分享内容（音乐、视频、文本）的平台。但当他看到用户的认可度很低时，没有继续尝试和推广，而是立刻关掉了这款软件。这其实并不是艰难的决定，而是属于应变思维的一部分——你要有足够的意识和勇气来进行类似的放弃。

你能做到"通晓一件事"，就已经是很大的成功。应变思维要求你看到未来的每一个角度，以及对事物做全方位的观察，但却倡导专注地做好一两件事。科斯塔说："专注做好一件事是非常重要的，它对成功有着决定性的作用。特别对大公司而言更是这样。"扎克伯格就是这么做的，他素来觉得大企业务必要保持业务的专注性，越分散经营，风险就越大，且很难形成自己的绝对优势。

看到"终点"，比看到"名次"更重要

中国的互联网巨头百度在过去的5-8年中经历了急速的扩张，从一个纯粹的搜索提供商转变为一家四面出击的"巨无霸"公司。公司的实力获得了前所未有的增长，排名也列在了国内"第一位"：是整个亚洲最具有影响力的互联网公司之一。然而，扩张背后的代价是什么呢？

利润增长的悄然下滑：百度近两年的财报告诉我们，随着规模的逐渐增大，公司的利润增长已呈现明显放缓的态势。扩张不是无止境的，它总有终点，不知何时就会遇到瓶颈停滞下来。假如对此没有准备，就会出现一系列问题。

内部管理的复杂与混乱：员工的快速增加让内部管理变得更加复杂了，甚至让人们闻到了一丝混乱的味道。百度现有员工数量是4年前的20倍，这简直是一种"光速扩张"。因此，管理的难度非常大，比如沟通就是一个问题。有一位百度公司的管理者对我说："市场拓展部的人去跟技术部门沟通，就要跑到对面的大厦去，在路上浪费20分钟的时间。这不是一次两次，是每天都在发生。"这说明企业的办公格局没有做好容纳与安排这么多人同时办公的准备，管理和沟通成本都因此而迅速上升了。

逐渐增大的人才流失率：每家公司的CEO都想构建一个属于自己的

商业帝国，百度、阿里巴巴乃至谷歌、Facebook 等企业领袖都是这么想的，但没有预见性和必要准备的员工数量的短期增长，会直接带来人才流失率加大的问题。你为这么多的人才准备好职业规划了吗？能否提供充足的培训和晋升机会？有没有搭建好足够完善、精细的企业文化？有一样做不到位，就会有相当一大批人产生"离心"。

中层管理者的储备不足：扩张太快也对百度的中层管理者提出了严峻的考验。因为百度是技术主导的公司，中层干部多有技术背景。在员工数量少时，他们可以倚仗自身的技术优势采取一种"技术带人"的管理思维。但现在，员工的数量已是一个天文数字，每个部门都塞满了人。夸张地说，连走廊和过道都站满了人，他们就必须转变为一种"行政管人"的管理思维。可以预见的是，这种转变的难度是非常大的。没有储备好相应的管理人才，是百度公司近年来面临的主要难题之一。

百度公司目前最大的挑战可能不是如何扩张，而是怎样消化掉已有的业务，并整合管理结构与技术平台，打好新的基础。消化既是整合，又是创新，要让已有的业务更为精细、高效，挖掘其中的每一个利润点。这不意味着让你放弃继续投入和扩张，而是必须保持两者的平衡和同步进行，否则就可能摔跟头。

可见，作为一个企业管理者，你的"终点"是不是选对了、目标是不是可靠？这决定了你能否持续成长。现在很多企业家都看不清终点，本质上就是不知道自己要干什么，甚至看不到未来十几年内的目标。用这种思维去管理企业，就会出大问题。应变思维首先是对企业管理者的要求，是对我们视野与定位能力的要求——只有看到了，才有机会做到。

CHAPTER FOUR

看穿情势时，就勇敢下注

- ◆ 什么是关键时刻
- ◆ 不要忽略反对意见
- ◆ 在无路可走时敢于冒险
- ◆ 决策要有可行性

最好的决策从来都不是一个人的游戏，而是情报和数据综合分析的自然结果；决策是不同意见的碰撞，是思维的反复博弈，而你需要在反对的声音中发现自己想要的东西；决策既是一个"方向问题"，也是一个"资源问题"，为什么这么说？如果一个人总能做出独特而且正确的"好决策"，他一定是做对了某些事情。

关键时刻，勇敢做决定

这些年来，我的公司会定期召开未来一段时期的发展研讨会议，所有分支机构的负责人都会到场。他们经常向总公司的管理层汇报近期的经营和培训计划。我在发言时很少评判分公司的工作细节，但却经常提醒他们要注意决策的方向。因为我知道，方向是决策者的原则性问题——方向错了，细节再专业也一无是处，没有任何价值。

企业的领导者每天都需要很快做出决策。有些决策是战术性的，但关键的决策都是战略性的。这些至关重要的战略决策关系到企业能否获得持续的成功，也涉及每个人的具体利益和企业资源的分配、组织和动员，就像一艘巨轮的航向。你一旦做出一个战略决策之后，意味着整个团队、所有部门的全体员工均要动员起来，一起朝这个方向努力。如果在之后的工作中发现需要更改战略，重新制订方向，将是一件极为困难的事情。因此，做决策就是做承诺，既是对市场，也是对团队的承诺。对管理者而言，把握决策的方向是涉及公司生死的问题。

正确的战略方向是"正确决策"的基础

2012年的元旦，我到上海的一家企业经营战略管理咨询中心出席咨询会议。到场的有数十家国内外的大中型企业，接近三分之一是国内企业，另有三分之一是日韩公司，还有三分之一是美国和新加坡的公司。在座谈中，我发现大多数的国内公司制订发展战略时，"制度性"地忽略了对于未来发展方向的确定。或者说，企业的带头人虽然喜欢做决策，也精于决策，但大多是战术性的决策，缺乏对战略方向的把控。

这就导致他们的企业在经历成长初期的飞速发展后很快就出现了问题，特别是难以突破3-5年这个生死关。有位当地公司的老总叹气说："我6年前开始起步，卖建材，卖装修用品，着眼房地产市场。前几年没少赚钱，因为市场火爆，但这两年明显感觉不行了，似乎一夜间产品就卖不出去了。问题出在哪儿？我想了想，觉得是市场在缩小、竞争对手却增加了，因此我是不是该撤退了？"这位老总的问题就是我提到的，他在公司发展最好的阶段只是沿着市场的走势做出战术性的决策——扩大生产或开拓客户，没有对未来10年左右的市场趋势和国内的经济环境做出根本性的预测。

我对他说："方向是什么？方向就是你对行业的未来趋势有清醒的认识和长远的打算，针对公司的定位做出明确的战略决策。市场好时怎么发展，市场差时如何转型？这些都需要你提前规划，而不是只把产业的发展方向作为企业的经营方针，或者只在技术层面做出规划。"

当企业家混淆了两者的区别或没有方向感，他做出的决策就可能仅仅起到短期效果。这样的公司就会在几年后遇到巨大的麻烦，因为市场是冷酷的，它不可能一直偏爱某类企业，也不可能始终围绕一种产品转。

比如说，过去的十年中，中国的彩电企业出现了旷日持久的价格大战。诸多彩电品牌陷入同质化竞争，迟迟不能从这种尴尬的市场泥潭中摆脱，就是因为这些企业的决策者没有方向意识，没人能走出一条新的方向，也没有人在决策时产生新的思维。那么长期发展下来，必然集体撞墙，然后在突然发现"市场晴转多云"时手足无措。

战略方向正确，投资才有长期回报。我时常听人讲"要长远投资"，说起未来头头是道，但没有看到他们制订一个正确的投资路径：做什么？怎么做？这是一个方向问题。所以许多天使投资人很难达到罗杰斯这样的级别，因为他们没有眼光，看不到一个可以持续赚钱的方向。这不仅需要可行性研究，更需要对市场和经济环境进行把脉——依据正确的战略方向，投资者的钱才能借鸡生蛋。决定投资是否正确的因素不仅是你有没有发现一个有潜质的项目和一个过硬的团队，还有一个方向性的问题。因此罗杰斯才说："想迎着阳光，就得知道太阳在哪儿升起！"

选择并且走好一条路

对每一个企业的决策者而言，选择和确定一个长期的战略方向都是一件颇有难度的事情。没人可以从容地决定未来10年甚至20年的主要业务和商业模式，这决定了高明的决策者总是非常罕见，甚至连那些世界知名的企业家也会在这方面摔一些跟头。

例如，发展势头不错的春兰公司曾经在国内红遍一时，但在20世纪的90年代做出了多元化发展的决策，却最终导致公司走向滑坡，经营持续亏损并被上交所停牌。另外，在21世纪初联想集团也曾因向多元化转型而遭到挫败，不得不回归自己的PC主业，才重新走上了持续发展的道路。

由于战略决策的失误、选错方向而使事业走向衰败的例子还有很多，参与决策的人并非没有长远的眼光和专业的思维分析能力，但他们对未来的发展方向做出了错误的判断——仅仅是一次失误，就可能葬送自己的企业。

"跟着市场走就一定对吗？"在上海，一家公司的老总问我。他的困惑是，许多市场热点很难在企业的经营业绩中反映出来，这让他感觉市场有时也是骗人的，市场给出的方向具有迷惑性。很显然，这说明"市场走势"或"价格变动"并不是左右决策的根本性因素。巴菲特对此一定有发言权，因为他从来不把市场因素放在眼里。要避免风险和失败，你就必须有穿透市场迷雾看到其背后本质的决策思维，要去研究价格波动的规律，然后制订聪明的战略，走向大众选择的反方向。当你选好一条道路时——假如它是正确的，你就要坚持走下去，直到突破阻碍，见到效果。

不要忽视"反对意见"

　　罗杰斯曾说："我在做出购买某个基金的决定前，总喜欢征求顾问的意见。尽管我不怎么听他们的。"作为华尔街的风云人物、这个世界上最有远见的投资家之一，罗杰斯深知"做出最佳决策"对企业有多么重要。他自己有超强的预见力，并以此为傲，但他同样没有忽视团队的声音，特别是反对者。因为这让他有机会知道哪些东西是自己没有想到的。

　　所以，在ASTD的一次年会上我说："没有反对声音的决定是危险的，这不是英明的领导者要追求的局面。你不管做何等重要的决策，都要听一听反对者的意见。"

英明的决策总有"反对声音"

　　很多小有成绩的企业家都有"**独断决策**"的倾向。他们对昨日的成功念念不忘，无视一些已经发生变化的现实，不能容忍"一针见血"的批评。我把这类企业家称为"行将就木的年轻人"——年龄不大但却固执保守，言行举止充满了自负的色彩。

有一次我受邀去丹佛的某科技公司。公司成立刚4年，CEO墨菲是一个只有32岁的大男孩，但他在短短的4年中取得的成绩可能比一个普通人忙碌数百年的成就还大。比如，他的公司实现了从零到一亿美金的突破；他的业务遍布全美，主营产品的市场占有率高达17%，连IBM、思科、通用这些巨头也来找他洽谈长期合作，许给他极具诱惑力的条件；他在美国东海岸有三栋别墅，名下有38辆豪车，每天都有名流达士登门拜访，还有人想帮他出版传记。然而，在他正向巅峰攀登之时，在我眼中他的末路也开始了。

原因是：他逐渐变成一个听不得反对意见的独断专行的老板。

墨菲自信地对我说："我无比确信自己的判断能力和决定的正确性，这是过去几年的事实频频验证的。当初团队的骨干反对我开发新型路由设备，我力排众议，现在市场的反应证明我们比谷歌做得还要好！现在，我希望研发新的跨时代的通信设备，没有人能质疑这个决定，因为它会给全体股东带来不可想象的利益！"

我对他说："即便如此，你也要听一听股东和你的市场顾问会说什么。"

"没有必要！"

这是他的回答。墨菲也确实这么干了，他认为一个英明的决策是需要独断专行的，不必听取任何下属的其他想法。可事实恰恰相反，伟大的决策通常都是战胜了无数的反对声音后才脱颖而出的高效决定，它不属于领导者个人，而经常是属于集体智慧。这不仅是决策问题，更是一个思维问题。墨菲若继续保持这个状态，我为他的事业和他的公司感到忧虑。

一定要避免你的决策"一次性无条件通过"。墨菲对未来犯下了一个危险的错误，同时这也是多数企业家最容易忽视的错误——听不得反对的声音。你希望自己提出的任何决定与决策都没有反对者，这可以理解，但并不可行。凡是"一次性无条件通过"的决策都往往容易引发巨大的风险。这说明你很难从旁人的角度听到不同的见解，你的视野决定企业的未来，你的思维转化成了团队的行为，难保不出问题。退一万步讲，即便你是一个从不犯错的人，企业也很难真正成长起来，因为它的兴衰全系于你一人之身。

你要在"反对声音"中获取灵感补充决策。听取反对者的观点并非为了彰显自己的胸怀。我们不要下属拼命附和或者唯唯诺诺，而是求取他们的真知灼见。这既是为了保证决策的全面、合理，也是对决策制衡的追求。有的企业制衡机制差，开会时没人敢反驳老板的发言，经常鸦雀无声一致通过，老板就算想听一听不同的声音都做不到。这种情况下做出来的决策是不完美的，也是达不到最佳效果的。我倡导企业家们在做决策时把自己的观点放到最后再说——先让下属畅所欲言，听完了他们每个人的观点，再综合考虑做出决定。

要在骂声中寻找需求

360公司的总裁周鸿祎对员工说过一句特别著名的话："你们要从客户的骂声中寻找需求。"被骂不是一件坏事，没人理睬（骂你都没兴趣）才真正令人绝望。骂声和批评声是我们修订决策的动力，也是一个很现实的参考，它能让你发现哪些地方是需要改进、哪些地方是应该提升的。

周鸿祎说，360公司当初做了一个叫作360密盘的产品。这是一个在今天被定义为"失败产品"的东西，也是失败的决策。设计人员想当然地帮助用户虚拟出了一个X盘，主要用于存储加密文件。但用户不理解其中的操作步骤，人们把文件放在X盘里后，觉得电脑原先D盘中的文件太占用空间了，点一下鼠标就删掉。但删掉之后呢？用户在那个虚拟的X盘中找不到加密文件，非常愤怒，骂声和批评声源源不断。

"对于这样的产品，很多用户理解不了什么是'同步'。"周鸿祎说，"他们投诉公司的产品，说我辛辛苦苦地将相片保存到了云盘里，怎么丢了呢？公司的技术人员赶紧帮他们看，发现是用户上传完毕之后，认为已经存到了网上，就把云盘目录中的文件删了。删了后一同步，网盘中自然也删掉了他的相片。但是用户永远没有错，这要求我们改进产品，做出更好的决策，让产品的操作步骤符合用户的思维，这才能留住用户。"

当你做出一个决策后，面对骂声与批评，应该如何应对？

"骂声"的背后是"市场"

乔布斯曾经说："产品决策不是坐在舒适的办公室构画出来的，它需要你倾听用户的声音，满足用户的一切需求。"所以乔布斯是一个信奉完美主义的天才企业领袖，他认为用户的批评不是坏事，反而让你看到真正的市场。

聪明的企业家能够从用户的骂声甚至摒弃中找到产品存在的问题，进而对市场有了全面的了解。就像周鸿祎说的，听听骂声没什么，做出让用户满意的决定才是决策的目的。不少企业家都有一种养尊处优、高高在上的心理，对用户的质疑不屑一顾，对下属的批评也充耳不闻，这么下去的结果就是做不出好的决策，也想不到、看不到自己的问题了。

要从"批评和反对"中修订决策，让它变得更合理

面对反对声音，就是尽可能倾听每一个决策相关者的隐含需求，听听他们想什么，看看他们想干什么。如此一来，就可以搜集更全面的信息，来修订我们的决策——让决策符合大多数人的需求。这也是提升我们"决策思维"和"决策效率"的一个重要步骤。

你知道多少，决定了你能得到多少

美高梅梦幻酒店是拉斯维加斯第一家开发旅游休闲市场的博彩度假酒店。1989年酒店开业时耗费的资金已经高达6.3亿美元，建成了全世界最大的天幕，设有三千多间客房与别墅，配有会议设施与火山表演等。梦幻酒店还有秘密花园的海豚表演，吸引小朋友们在家长的带领下成为这里的忠实小客人，顺便让他们的父母去消费其他的项目。而且，酒店还为全世界的客人提供"个人生日派对"服务，每个人都能和海豚一起过生日，并被酒店全体员工送上祝福。

这是一家世界级的著名酒店，很多人都在想美高梅梦幻酒店是如何取得如此骄人成绩的，以至于在拉斯维加斯，只要你想找一个酒店住宿，随便一个出租车司机都会脱口而出："先生，你是要去美高梅梦幻酒店吗？"有这样的成就，是和酒店高层的决策者对市场信息的重视分不开的。美高梅梦幻酒店的管理层拥有宏观的战略决策视野，始终把"争夺竞争的主动权"放到经营决策的第一位，这保证了酒店总能够在第一时间做出正确的决策，走在强大对手的前面。

成立了信息战略部门

"控制信息就是控制了企业的命运，失去信息就是失去了一切。"这句话在西方是非常流行的。信息是如此重要，它决定着企业的生死，当然也决定了企业家的成败。美高梅梦幻酒店的高层在酒店开业之初，就成立了一个信息战略部门，部门的日常工作就是负责竞争情报与市场信息的收集、整理和研究——大小信息无所不包，全部收集整理出来，然后帮助高层从中分析出竞争环境和行业的发展趋势，特别是竞争对手的情况等。有了这些信息的支撑，酒店的管理者就可以做出最及时的反应，并调整梦幻酒店的发展策略。所以拉斯维加斯有人说："梦幻酒店有这个世界上最新颖的活动，**它总是第一个听到市场的声音**。"

各部门管理者对信息和情报都非常重视

在美高梅梦幻酒店的每一个部门，信息与情报的收集都是重中之重的工作。它的每一名管理者都认识到了信息情报竞争的重要性，不仅平时从信息战略部门不定期地接收关键信息，而且部门内部也有专门负责信息情报收集工作的人员，还会从酒店的外包商中挑选固定的优质的情报合作伙伴，根据业务的需要，来形成自己独特的信息管理体系。

有了这两个层级对不同方向的信息的高度重视，以及对情报的专业分析，美高梅梦幻酒店才能在不足20年的时间内发展成为当地最知名的集住宿、娱乐为一体的酒店集团。相比之下，许多成立比它还要早的酒店却因自己对市场反应的迟钝、对信息情报的忽视而逐渐衰落下去。

信息和情报永远是第一位的

在当时和墨菲的交流中，我还发现他有另一个致命的缺点：对市场信息变化与竞争对手情况的漠视。墨菲高估了自己的判断力，总认为他对市场和未来的发展趋势有着独特的见解与分析。换句话说，他觉得自己是一个掌握了成功钥匙的人，因此没必要过分地了解对手。正是由于这种心理，墨菲在后面的经营中吃了大亏，逐渐失去了企业刚成立时的锐气。

在著名的沃尔森法则中，信息情报的竞争被放到了无比重要的位置上。甚至可以这样说：没有第一手的信息和情报，你很难赢得竞争，或者做出最及时的决策。决策的基础总是由信息决定的，而不是你自己的猜想。

日本的"尿布大王"多博川：不起眼的情报提供了巨大的市场

日本的尼西奇公司一开始不是生产尿布的，而是一家生产雨伞的小企业。当时它的董事长多博川也没有现在这么出名，就像今天无数的中企业主一样默默无闻。但一次偶然的机会，他读到了一份最新的人口普查报告。这份报告上说，日本每年有250万新生婴儿，但是相应的妇幼用品的供应量却没有跟上。

别人看到这个报告顶多一笑置之，然后扔到一边，但多博川马上意识到："我的机会来了。"他立即发现尿布这个小商品有着巨大的潜在市场，足以让他的企业成为全日本最大的生产妇幼产品的公司。他想，即便按每个婴儿每年最低消费2条计算，一年还有500万条的市场，潜力是非常大的。于是，多博川马上召集公司高层开会，决定转产大企业不屑一顾的尿布。结果，他生产的尿布在畅销日本后，还占有了全世界尿布销量30%的市场，成为了名副其实的"尿布大王"。

三星公司的情报战：充分利用信息的时效价值

十几年前，韩国的三星公司派驻美国办事处的一名员工无意间读到了一则消息：美国最后一家生产销售吉他的公司就要倒闭了。他隐约从中看出了点什么，马上把消息传回了总公司。三星公司的情报机构立刻对这则信息进行了分析，认为：吉他对美国人来说是非常重要的，在这家工厂倒闭后，美国很可能会采取一定的措施来禁止吉他进口，从而保护国内的这一产业。于是，三星公司决定抓住这一短暂的时机，用最快的速度运了一批吉他到美国，存放在仓库中。果然没多久，美国国会就提高了吉他的进口关税，限制国外相关产品进入美国。由于三星公司已经有大量的存货，因此借机赚取了很大的利润。

信息和情报是正确决策的基础。决策者面对的对象其实并不是企业，而是市场，是无比广阔并且危险的商业竞争。有很多不为人知，瞬息万变的商业信息，如果你对此一无所知，那么就会陷入困境。就像一个人突然走进了漆黑的房间，你怎么知道哪儿才是安全的？企业能否在这样的市场环境中生存下去，一定程度上取决于你占有或者知道了多少情报、信息及与此有关的资讯，并且还取决于你获得它们的速度、掌握信息情报以后加以利用的效率等。总之，你要做出正确的决策，就必须去获取情报，在情报战中率先获胜。这能让你立于不败之地，就像第二次世界大战英美对德日两国的"情报破译战"一样：赢得情报战争的一方最终获得了最后的胜利。

商机经常隐藏在不起眼的信息之中。平时你会注意一份简单的人口普查报告吗？可能你只是扫一眼然后束之高阁；也可能关注到了重要的数据，但它无法引起你的联想。多博川就能做到——他从不起眼的信息中发现商机，并且利用商机，让企业和自己大获成功。这需要你对市场拥有敏锐的观察力，对信息具备天然的敏感，以及分析和加工信息的能力。越是不可估量的商机，就越是待在容易被人忽视的角落，就像价值连城的宝贝总是深藏地下一样。你要关注各种各样的信息，对它们分类识别，找出能够利用的机遇，做出针对性的决策。

获取情报的六项原则

在决策之前，最重要的工作就是获取情报。它对企业至关重要，对你的思维补充同样十分关键。现在随着互联网的发展和沟通工具的多样化，有许多实用的方法可以帮助你从不同的渠道获取信息，以达到精确和及时决策的目的。

随时随地的聆听→从发言中获取信息

我鼓励所有的企业家和管理者坐下来多多参加自己内部的工作会议，去各个部门听一听下属的发言，甚至从他们的吵架中获取信息。你要做好倾听任何人的建议的准备，因为每个人在各自的位置都有观察和总结的不同角度，他们的信息是非常有价值的，是你在办公室绝对无法掌握的情况。

利用公开的资讯平台→从新闻中收集和整理信息

许多知名企业的CEO告诉我，他们平时一直坚持的习惯就是看电视新闻，特别是严肃频道的国家新闻和专业频道的产业新闻，因为可以方便地收集整理相关行业的信息，甚至也能看到竞争对手的动态。巴菲特最大的爱好除了读年报，就是看新闻。去不同企业的官方网站看他们的最新消息也是一个渠道，这往往是比较精确的信息搜集工具。不过，它的缺点是时效性较差，往往在事件发生一段时间后，才会登上这些公开的资讯平台。

分析各类招聘广告→判断对手的经营情况和未来方向

你会抽出时间到招聘网站研究竞争对手的招聘广告吗？很多人对此是不以为然的，但我要说的是——它能告诉你这些企业都在寻找什么样的人才。通过长时间的分析，你既能预测到对手的经营情况和未来的发展方向，也能判断到对方的某些意图。当然，这建立在你对对手已经有相当了解的基础上，才能从蛛丝马迹中发现不一样的讯息。

关注销售人员的反馈→第一时间了解市场信息

聪明的企业家会格外关注销售人员的动态，了解他们的观点。因为销售人员始终身处市场的第一线，他们不但冲锋陷阵，而且对市场的变化有深刻的认识。所以，你要想知道市场的情况，就必须听一听销售人员的信息反馈。你可以从自己的销售部门那里获得情报，也可以去向对手的销售人员"下手"——从他们那里获得第一手的宝贵信息。这就是为什么越是世界级的大公司，就越喜欢"收买"对手的一线销售人员的原因。

广泛的结交→从不同行业的人士那里获取情报

我曾经在不到5年的时间为自己准备了多达百人的行业分析师、专家和媒体资源。这种大范围的结交为我储备了雄厚的情报资源，因为这些人的日常工作便是报道和分析行业，拥有大量的有价值的信息，而且总是新鲜的。所以，当你和不同的行业专家、媒体记者成为朋友后，这些信息就会免费送到你的手上。只要你愿意交换，便总能从他们那里得到第一手情报。

必须走自己的路，让别人模仿我

可口可乐在它的一百多年历史中，始终坚持引领潮流的路线："一直被模仿，从未被超越。"这是由它成立之初的一任又一任的首席执行官决定并且延续下来的战略模式。**"我要让别人模仿我，而不是我去学习别人。"**可口可乐在全球销售中的每一天都验证了这种思维的威力。没有哪家公司能够轻易地追上它，而它已创造了一个难以超越的传奇，成为了饮料行业的代名词。

当你决定某条路线时，必须使自己拥有这种"开拓思维"：我做出的决策是前人没有的，后人只能跟随而无法超越。问题在于，多数企业家对市场的定位不清，缺乏"宏观构思"的能力。他们的决策视野受限，因此采取了一条看起来安全的跟随策略："我决定跟在市场引领者的后面，成为第二名、第三名也是非常伟大的选择。"

无法做出创造性决策是人们的通病。在思考和决定大部分问题时，保守的想法充斥人的头脑。他们很难有出类拔萃的决策，企业就像一辆卡在拥挤的高速公路上的汽车，跟在前车的后面亦步亦趋。

做出你自己的品牌

从某种角度看，一名时代领袖的光环取决于他有没有在历史上写下自己的名字。就像乔丹和李宁对各自运动品牌的贡献一样，人们想到他们的名字就会立刻联想到他们推出的运动服装。

——你要做自己的品牌，而不是替别人开拓市场；

——你要为企业植入自己的思维，而不是一味采集众长；

——你要建立自己的商业模式，而不是学习和模仿对手。

"应变思维"是在复杂的情势中不断进取、采取对应策略的思维，也是创新、独立自主的思维。"汽车疯子"李书福说："别人没有做的，我们更应该做。就算无力回天，没什么效果，也可以提供一个参考。世界上任何一个能够做大、做强和做好的企业都不可能用别人的品牌。所以我的目标是在自己的土地上长出雄伟粗壮的白桦林。"李书福被人们视为异端和异类，他拒绝进口和复制欧美模式，而是做出了自主创新的决策。

做自己的品牌，是追求**"永远领先一步"**的战略思维，也是一种可以带来长赢的决策。科斯塔在对扎克伯格的长篇采访中说："扎克伯格认为，如果有一天Facebook不再是这个行业的绝对领导者，那就意味着他需要创造新的品牌了。因为不能领先，就是失败。"

对年轻创业者的启示是什么？是变革你的决策思维。决策不是为了生存，而是"比别人生存得更好"，让企业永远站在市场的第一排，才是决策者的目标。

创新，不断地创新

有一次我去北京参加一场创业论坛，有数百名30岁以下的年轻人坐在台下。大家都有资金，有雄心，有激情，到这里来是为了一个"决策"的选择："我到底要做什么？"决定把钱投到什么地方，是一个非常关键的问题，既要找一个投资方向，又要开拓一条创新的道路。

主持人问我："这两年微信非常火爆，阿里巴巴和其他互联网巨头也在跟进，创业者可以瞄准这块市场吗？"

这是众人特别关心的问题：连马云都想插一脚的市场，前景一定很好吧？

但是我回答道："马云可以凭借巨大的资金把市场撬走一大块，你们凭的是什么？如果你手里也有一千亿，那不用创业了，直接投到保赚不赔的基金中，在家坐收红利岂不是更好？所以决策的问题经常需要我们反过来思考。你不要想我为什么要做，要想'我为什么不能做'。微信之所以大家都看到了商机，是因为它已经占领市场，让你意识到了它的价值。那么现在你再做一个类似的产品，你永远没有机会。马云也没有机会超过它。"

这就是"先人一步"的决策带来的效果，微信就是一个**"领先性决策"**的产品，它为腾讯公司带来了市场的垄断。因此，后来者的生存机会不是去学习它，而是做出不一样的决定。你一定要想到一种全新的产品，然后创造新的市场。在这个新的市场中，你是走在最前面的那个人。那时，你赢的概率就是最大的。

用创新制造新层次的竞争，然后争夺竞争规则的制订权。没有什么能够比创新更能推动竞争的进化。优秀的企业家可以看到埋在冰层下面的新市场，并通过创新决策把它挖掘和释放出来。在新的竞争中，走在最前面的人有机会设定规则，利用规则使自己立于不败之地。就像新浪推出微博后，腾讯也跟着做自己的微博，但无论如何都竞争不过新浪，因为新浪已经为微博这个产品设定了技术应用和市场开发的规则。当腾讯推出微信后，局面马上就得到 了扭转，因为微信属于新层次的竞争，是和微博完全不同的产品。这就是创新决策的力量。

带着"饥饿感"去做决策，用新思维去颠覆旧机制。决策者对未来要有饥饿感。这是乔布斯的观点。他在斯坦福的年会上提到了一个词："stay hungry。"企业家要保持饥饿，对现状永不满足，对旧的机制充满痛恨。带着这种状态去做决策，就容易产生全新的思维，去颠覆"传统帝国"，建立属于自己的帝国。

在众口纷纭时不要优柔寡断，在无路可走时敢于冒险

去年7月份，我和科斯塔完成了一次对50名全球成长最快的企业CEO的联合采访。在采访中我们发现，这些企业家在做决策时都具有一个鲜明的特点——他们很少用大量的时间用来论证或争吵，也不会把主要精力放到倾听下属不同的观点或调和各部门的利益上，而是总能跳出争论果断做出决定。他们对未来要走哪一条道路、要遵循哪一些原则有着清醒的认识，总能为决策刻上自己的影子。

就像周鸿祎在谈及自己的成功时说到的："我认为成功是一种偶然，成功也需要运气。所以要保持敏锐度，不断地试错，不能害怕失败。"如

果你认为成功是一种必然的结果——"我就是要成功或失败！"那么事情就坏了，**这种必然论的思维让人迷失方向感**，过于相信市场的安排，最终会变得什么都不敢做。或者说，会让你对冒险失去兴趣，对旧体制也会感到麻木。因为你不相信自己抓住机会就有可能改变结果。

　　越是成功的企业家就越敢于冒险。他们知道自己必须做一个决定，哪怕是最坏的决定，也比不做决定要强。所以，果断和冒险经常同时出现，是应变思维的一大特质。相反，我们在那些缺乏应变思维的人中往往看不到这种极具探索力的精神——他们僵化而保守，任何冒险性的决定都不想做。

无法执行的决策一定是坏决策

有一群老鼠生活在一个有猫的地方，这当然是很恶劣的环境。它们东躲西藏，吃尽了猫的苦头。直到有一天，老鼠们不想再忍了，聚集在一起召开了全体大会，共商对付猫的大计，希望能够一劳永逸地改善种族的生存环境。

老鼠们在会议上纷纷冥思苦想，想到了各种各样的办法，比如改变猫的饮食爱好，培养它吃鱼吃鸡的新习惯；研制能够毒死猫的药物，让它吃了就一命呜呼；把猫赶出这个地方，通过战争换来彻底的太平……大家觉得这些都很不靠谱。最后有一只老奸巨猾的老鼠站出来，出了一个非常高明的主意：在猫的脖子上挂一个铃铛，只要猫一动，老鼠们就能听到响声，然后就可以迅速躲起来。

"这个主意非常棒！"老鼠们说，"接下来就是执行了。"但是谁去执行呢？这是一个送死的任务，于是新的难题出现了——决策无法执行。老鼠们宣布了重赏，但不管什么高招都没有愿意去"鼠送猫口"的。所以，尽管想到了办法，但老鼠们的处境还是和以前一样危险，每天处在猫的威胁之下。

你做过"无法执行"的决策吗

我们采访了这几年公认的排名世界前50的企业CEO和优秀的投资公司的经理人，他们对此的看法是：**一个好的决策并非是收益最大的，而是性价比最高的**。中石油的一位企业高管说："一个不能够转化为现实的好决策是没有任何意义的。"他提到了中石油的非洲战略，讲到了公司在苏丹的一次失败计划——阻碍那次油田开采计划的是反政府武装与政府军之间突然爆发的战争。

"总有些因素会始终存在，中石油没有考虑到当地的治安形势，因此做出了一个失败的决定。那个决定在纸面上是美好的，会为公司带来源源不断的收益。这是一个理想状况，没有考虑到实施的困难。后来我们撤出了所有的开采部门的人员，转而去别的地方采油。"

当决策无法执行或执行成本非常大时，相关的资源浪费就已经产生了。这对决策者是艰巨的考验，你要有超前的判断力，根据情报分析市场的规律，想到一切可能的情况。在这些信息的基础上，去做出一个合理的决策。

做决策前，你要把自己定位于一个行动者。决策不在于有多么的英明，而在于它是否可以合理地执行下去并取得计划中的收益。企业家和部门的管理者要首先把自己视为一个执行者，站在执行者的角度预演决策的行动过程。这时你就能看到一些"高高在上"时无法看清的问题。你可以换位思考一下："假如我是一个行动部门的负责人和一线员工，是项目的财务人员和销售经理，公司的这个决策对我意味着什么？"如果决策和计划让执行者感到愤怒、为难、委屈，那么它就是不可行的。

错误的决策如果坚定地执行，会带来更大的灾难。科斯塔说："许多企业家都无比重视执行的效率，他们年复一年地向员工灌输执行思维。但他们不清楚的是，如果决策是错误的，那么强调'**超级的执行**'反而会让企业陷入更大的困境。"尤其是那些"不可执行"的决策，一旦被团队成员"团结一致"地贯彻下去，浪费的成本是惊人的，给企业带来的损失也是无法挽回的。有的企业家每天都在强调要提高组织的执行力，却没有就决策的正确性进行思考。这种思维是如此常见，我在参加培训的创业者和部门经理的身上经常能够看到——他们坚定而无畏地走进死胡同。

决策的可行性是第一位应该考虑的问题

我一再对参加培训的企业家讲到一个"陌生"的经营词汇：**可行性思维**。它是决策思维中的重要部分，甚至是进行决策的基础。可行性思维要求我们在做一个决定时，必须优先考虑它的"**执行系数**"：

——能不能解决执行中的关键困难？

——需要动用的资源是否超出了企业的负担能力？

——有没有触碰法律、政策与行业规定的底线？

决策要解决的是"**我们应该做什么**"，执行面临的则是"**我们应该怎样做**"。两者之间的桥梁就是"可行性"，这是企业家应该在第一时间考虑并且解决的问题。对于一个优秀的决策者而言，只有高明的想法是远远不够的，最重要的是合理的手段与较低的执行成本——后者在大多数时候提前决定了我们与他人竞争的胜败。

CHAPTER FIVE

人比利润重要

- ◆ 创造成长的机会
- ◆ 利他就是最好的利己
- ◆ 人才管理与人才培养
- ◆ 发挥你的影响力

失败的管理者各有难言之隐，成功的企业家却一定有一个共同的特征——用对了人；用人并不只是简单的授权，它是一项宏大的组织工程；一名优秀的企业家不仅能发现对的人，还能把他们放到合适的位置上，并对他们有足够的信任；他们可以看到人才的现在，也能看到人才的未来——这不是轻而易举可以做到的，你需要严格遵循一些基本的原则。

企业做大的关键是"人"

任何时代，无论规模多大的公司都会把追求高额的利润作为经营的第一要务，利润成了企业生存和扩大的重中之重，也是创业者的目标。就像华尔街的所有投资公司在基金和股票市场表现出来的贪婪一样。

"利润是无罪的。"A-X投行的基金操盘手莱曼说，"每个人都是为金钱服务的，包括我也是。"莱曼的公司在曼哈顿一栋32层高的大厦中。他旗下有120名雇员，为了帮公司赚钱，几乎每天都工作到深夜。但是莱曼并不快乐，他发现自己在管理中累极了，因为坐在办公室中的是120只"狼"。

企业的管理者和部门主管为了实现利益的最大化，有意或者无意地忽略自己应该承担的**"对于人的责任"**，也丢掉了对人的思考，只管让账簿上的数字不断增加，却对员工的福利待遇和职业幸福感毫不在意。这是一种冷酷的经营思维。久而久之，不重视雇员的行为就会发生变异，演变成企业中的"隐形毒瘤"——员工对企业的信任度和忠诚度逐渐降低，离职率也会增加，最终受到伤害的还是企业的竞争力。

盛田昭夫作为日本家电领域巨头索尼公司的创始人，他就把"人"放在利润的前面。他认为人永远比利润重要。他说，索尼并没有什么神秘的成功之道，能够使索尼获得成功的是"人"，是那些有着聪明头脑和强大能力的人才，他们组合在一起成就了索尼公司，让公司登上了世界级的舞台。

前两年，在一次参观谷歌公司的活动中，我曾和很多谷歌的雇员交流。令人惊讶的是，他们当中的大部分人认为谷歌之所以让自己迷恋和忠诚，是因为身边有一大批聪明绝顶的同事，这是最让他们满足的福利待遇。优秀的同事让他们的大脑得到了前所未有的开发，创意和眼界不受约束、大肆开阔，而正是这些拥有无限想象力的人让他们变得更加优秀。

除此之外呢？当然还有为人才准备的顶级工作环境。这也正是谷歌公司所重视的。他们穷尽想象力，将搜罗、收纳和留住顶尖的人才作为公司发展最重要的事务。所以，其招聘人才的流程和要求也比其他任何公司更为认真和严苛。你想要进谷歌公司工作？那你必须要通过一系列的标准评估。当你成功地进入谷歌，成为这家伟大公司的一员后，你会发现自己是公司最重要的财富。在这里，你将得到超乎想象的尊重。

人才招聘的9项原则

谷歌前CEO埃里克·施密特在《谷歌如何运转》一书中谈到了谷歌的人才招聘，他明确地指出了哪些是谷歌需要的人才，哪些是坚决不能要的。通过对Facebook和谷歌的人才政策对比，科斯塔和我做了一些必要的工作，我们对世界500强企业进行了相关的研究，特别是它们的人才招聘政策。最后我们发现，越是自信的公司，对人才的要求就越高。反过来说，他们希望得到能力出众而且富有雄心的卓越人才，而不是唯唯诺诺的平庸雇员，并愿意给这些人才优越的待遇。

从这些企业的招聘传统中，我们总结出了九项原则。每一条原则都是应变思维在人才管理中的完美体现，即便你没必要全盘照搬，也应在自己的招聘和用人中灵活地借鉴，改进自己在人才管理方面的不足。

原则一，招聘比管理者更出色的人

越是比你聪明和比你有学识的人，就越要尽快地招进公司，放到自己身边，给他们最好的待遇。他们的能力可以帮你拓展事业，并促进你自己的进步。永远都不要招聘那些碌碌无为和平庸的家伙，至少不能委以重任，因为你无法从他们身上学到东西，他们对你也构不成挑战，自然就不能互相促进。

原则二，招聘能带来附加值的人

真正的优秀人才除了工作能力的强悍外，更能为企业的产品和文化带来难以估量的附加价值。他们会为企业催生正面的副产品，比如鼓励同事的士气，增加团队的创新能力等。发现这样的人才是一种难能可贵的能力，大企业的CEO们都具有一双伯乐的慧眼。你要透过现象看本质，不能只盯着一个人的工作能力进行研判，还要对他的内在素质（**意志力及想象力**等）做出准确的判断。

原则三，招聘能解决问题的人

要招聘那些能实实在在做事的人，让他们来帮你解决问题，而不是每天制造问题。后者到处可见，他们在工作中不停地抱怨，习惯把难题抛给同事和上司，自己却坐在一边，挑三拣四。这样的员工是"**问题**

人"，对中小企业更是致命的杀手。

原则四，招聘有激情的人

热情和激情是"人才"必不可少的素质。一个有热情、有激情和有动力的人，能够主动及创造性地工作，积极地提升自己，为公司做出贡献。如果团队有很多这样的人，管理的难度也会降低。反之，没有激情的员工是来"混碗饭吃"的，他们只是需要一份定期发放薪水的工作而已，没有忠诚度，没有创新精神，亦没有团队归属感，对企业的价值在哪儿呢？

原则五，招聘愿意合作的人

审查与评估人才的团队协作精神，把能够与同事合作共事的人招纳进来，再给予必要的技能培训。在我看来，这样的员工就达到了60分。合作思维是一个组织强大的基础，特立独行的员工不是一个都不能要，而是要缩小这类雇员存在的空间。优秀企业的管理大师们都擅长拿捏集体主义与个人主义之间的分寸，既保证整个团队拥有强悍的协作力，又能适当允许个别"天才员工"独自完成某些创意性的工作。

原则六，招聘成长性更强的人

你要招聘那些愿意与团队和公司一起成长的人，考察他们的成长性——对事业的热爱，对学习的执着，对工作技能提高的动力。具备成长性的员工很快就能成为公司的中流砥柱，也是企业骨干的后备人才。

原则七，招聘有独特天分的人

不要放过一些特殊人才——他们在某方面有独特的兴趣和天分，可以独当一面。比如技术部门的工程师、市场策划高手和创意天才等。不能把眼睛盯在只会按部就班工作的人身上，要极力寻找那些在不同领域内的拔尖人才。

原则八，招聘道德水平高的人

对人才的道德水平做必要的审查，防止"私德"有问题的人混入公司。不要招聘那些自私自利且喜欢操纵别人的员工。这能避免你的事业被员工的内讧摧垮。你要确立一个不可动摇的用人思维：道德水平比能力更重要。一个有道德的人即便做不好工作，也不会做坏；一个能力很强但道德素养差的人，既有能力把工作做得很好，也有能力成为公司的祸害。

原则九，招聘能够严格要求自己的人

"自律精神"是我们始终重视的用人标准。一个自律性强的人，他能为公司节省更多的成本并增加利润；而一个自律性差的人，他对管理成本的耗费是难以估量的。工作的随意性和未来的不可预测性都会令你头疼。严格要求自己，意味着他能主动遵守企业的各项制度，并为同事树立一个积极的榜样。不要对人才降低这方面的要求，除非公司只是你的"玩物"。

为员工创造快乐，就是在为企业创造利润

早在三年前，我和美国管理协会的工作人员便共同进行了一项研究。我们发现，懂得为员工创造快乐的公司更能承受市场波动的打击，尊重员工并且培育他们的积极情绪的管理者不但得到了下属的尊敬，还让企业赢得了更广阔的发展空间。

创造快乐，要求你必须把员工的感受放到利润的前面。纽约一家公

司的总裁查姆莱恩自豪地说："对我而言公司赚钱不是最关键的，尽管这是我的目标。我希望每名职员都可以快乐地来上班，然后快乐地回家。我深切知道，只有这样公司才能在年底核算时获得更漂亮的数字；我不希望员工对工作有任何抵触，因为这对公司、对客户都是一种打击。"

查姆莱恩去年被纽约工商协会评为该地区"最有潜力的年轻企业家"，他还是卡耐基基金会重点树立的"企业家形象代表"，因为他的用人方法正是基金会一直以来十分推崇的。**他总能寻找到可以改善公司氛围的方法，为雇员创造开心的氛围**。比如在橄榄球超级杯开赛前，他建议每一名员工都可以穿上自己喜爱的球队的队服来上班，以示对球队的支持。他甚至也会宣布自己支持的球队，并带头穿上队服走进会议室。有时他还会在公司内部举办选秀比赛——模仿脱口秀主持人的比赛，赢者将得到一次去国外旅游的机会。

前几年，在美国经济有所下滑时，纽约的很多公司采取了裁员和削减福利的做法。查姆莱恩对此感到不解，他说："作为一个企业的管理者，我不可能不关注利润。公司的机会在减少，客户在流失，收入在下降。很明显，在衰弱的市场中，公司的东西卖不出去，经营就一定会出问题，裁员也是必然的。但为何苛待留下来的人呢？削减员工的薪水和退休金不但不能拯救公司，反而会损害公司的长期发展，因为这让他们不快乐。他们会报复！"

让工作变得有趣是极为重要的。越是艰难时刻，企业家就越不能吝啬，让员工的心情好起来，他们一定会用努力工作来回报你。有了积极和快乐的员工，公司才能创造出优质的产品和服务，从而改变低落的市场，赢到更多的客户。

为了利润→你会削减员工福利吗？

这是一个有趣而隐讳的问题。不少企业家避而不谈，他们更愿意和我交流"如何赚钱"，也不想回答自己在困难时期会"**如何对员工的福利下手**"。美国管理协会对所有的企业提出了自己的建议："不要让市场问题损及企业文化。"具体地说，我们的用人思维不能因为市场危机就发生改变。

尊重人才的企业不会在危机时削减员工的福利。像谷歌、微软、苹果等在自己的行业中领先全球的公司，他们十分确定员工对于品牌维护的价值。员工福利改善虽然在短期中会减少一定的利润，并且增加更多的成本，但能提高员工的斗志，在利润上的长期回报更高。苹果公司行政部门的一名高管评价说："福利代表的是公司对员工的感情，这能改善公司的文化，对危机的抵御能力也会加强。"所以，即便公司的收入在减少，企业也不应该拿员工的福利开刀，因为它关乎企业和员工的感情。

员工不快乐→客户不高兴

查姆莱恩十分明白，当员工普遍人心惶惶时，公司很难为客户提供优质的服务。员工不快乐，就等于客户不高兴。他说："世界经济进入了一个新时代，客户也有压力，变得不能容忍企业的任何服务问题。你可能企图用'**对投诉的敷衍**'这种老旧而无耻的手法对付他们，但他们有权弃用你的产品并把你的丑行公之于众。"所以，当其他公司都在努力削减开支时，查姆莱恩却主动给70％的员工加薪，增加公司雇员的快乐值。这一做法的回馈是乐观的，虽然利润暂时降低了，但他的公司却在一年后获得了10％左右的客户增长。显然，企业在员工福利上的支出以另一种方式获得了回报。

管理者的责任→与员工开放式对话

企业的管理者承担着怎样的责任？除了加薪外，还有没有一种轻松便捷的做法？我的建议是——和员工保持开放式的对话。向下属坦白心意有时比承认公司有多么困难还要难以启齿，但你应无畏而行，不能有丝毫犹豫。开放式对话可以让高高在上的CEO和最底层的员工建立情感联系，让他们明白自己是多么的重要。

特别是在企业发生危机时，你完全可以站出来说："嘿，伙计们，听着！我无法做出任何承诺，但我会尽一切的努力保护你们。现在我们讨论一下，有什么办法能让我们渡过难关吗？"有很多企业家采用了我的建议，他们后来告诉我，在这样的对话后，员工的情绪更加稳定了，因为他们感到安全，并由此更加努力。员工对企业的信任度得到了提高，并且在工作的成果上完全体现了出来。

把权力交给有能力的人

想成为一个优秀的企业管理者，应该做的事情肯定有很多。但是最需要做好的事情就是授权，要看到权力的本质不是"一人独有"而是"众人合力"，然后用授权分配权力，用分配出去的权力把复杂的工作做好。我见过很多老总都喜欢身兼多职，一个人忙来忙去，比如早晨6点就跑到公司，加班到晚上12点才拖着疲惫的身躯回家。他需要做的事情太多，决策要负责，销售要承担，管理和财务也要抓，结果就深陷到成堆的工作中，迷失在繁杂的事务里——他做得越多，工作的效率就越低。一个人承担所有责任的下场就是这样。

精英都是授权的高手

从公司在洛杉矶成立的第一天起，我对下属的管理方式就是分配权力，而不是用义务约束。因为我知道，不把手中的权力分出去，我把自己累死也做不出像样的事业。完成第一轮融资后，我就与合伙人做了分工：他负责市场开拓与客户关系，我负责做产品和服务。在我们两个人下面，又设置了7个部门，每个部门的主管都拥有绝对的权力，把我和合伙人的工作分担下去。他们不需要事事汇报，对部门事务有完全的决定权，甚至也可以自己决定重大事项，只要年终业绩过关，公司就会奖励他们。

通过有效的授权与激励，我们逐渐聚集了一大批出色的人才。这是最好的用人方式，用一种简约的低成本的方法让人才自动自发和创造性地工作。现在全世界都在研究如何激励下属，我现在可以告诉你，放权永远都是最好的激励方法。因为**追求权力是人性的本能，是我们基因的一部分**。再小的公司，下属也渴望拥有独立自主的工作权限，希望获得权力和地位，这就是人性。

美的集团的创始人何享健据说是中国家电行业里最"闲"的企业家，你想找到他不容易，因为何享健没有手机。很多人一定感到奇怪，没有手机他怎么和下属沟通公司的事务呢？何享健自然有他的办法。

前几年，我曾经到美的集团做过为期一周的中层管理培训。一位管理人员对我说："在美的，很多事情都是我们自己在做决定，根本不需要一一向何总请示。如果有必要，他会主动找到你，而且只需要几分钟。"

何享健在采访中也说过，他每天准点下班，之后就再也不去公司，他也从不会抽出晚上的时间来做白天的工作。而白天的工作时间，他也不会总待在公司里指挥员工干活，而是在绿茵场上"逍遥"。因为他是一个酷爱高尔夫的老总，每个星期总有那么几天在打球。相比之下，格兰仕集团的两位老板就显得太过辛苦了，他们的工作时间占据了一天的大部分，经常在十个小时以上。

　　当然了，何享健的本领并不是每个CEO都能掌握的，大多身在其位的中高职人员都需要牢守自己的岗位。何享健之所以能够"来去自如"，这得益于他高超的用人艺术——他对优秀人才极为信任，同时又有非常强的驾驭能力。一位曾经供职美的的内部人士把他用人的方法比喻成放风筝——既能"让他们飞得又高又远，又能迅速地把他们收回。"

　　韦尔奇有一句经典名言："**管得少就是管得好**。"企业家中的精英人物基本都是管得少的群体，他们善于授权，并能让下属在获得权力后死心塌地为公司服务。

　　"授权"就是让你自己无限复制。你既然坐到了用人的位置上，说明你自己的工作能力是很强的。但你自己只有一个，事事都需要你去做的话，分身无术，结果肯定是悲剧性的。所以每当听到企业家抱怨自己很累时，我的第一反应便是"这家伙根本不懂用人"，他的用人思维一定是陈旧落后的，是注定失败的。因为他完全可以通过授权复制无数个自己，让那些有能力的人为他工作。用授权来放大自己的时间，让工作效率成倍增长。为什么两个同时创业的人，10年后一个人开了连锁集团，另一个人却仍然守着自己的小店？原因之一就是后者不懂得复制自己。

　　"授权"比"命令"更有效，但需要定义好范围。授权对用人的重要性我们看到了，但该如何授权呢？其中最重要的一个原则，就是统一权力和责任，定义好授权的范围，明确下属的职责。既给了权力，也要规定义务。这样的授权，就比"命令"的效果更好。员工会对工作产生强烈的自主意识，且非常明白自己需要做什么。这叫**"有目的授权"**，让被授权的人拥有权限的同时，又可以独立负责和彼此帮助，创造性地做好自己的工作，既能对同事提供力所能及的帮助，也能保证公司的管理及工作的秩序。

授权的同时严格考核

作为企业的管理者，你在享受充分授权后的轻松之时，也一定承受着业绩的严峻考验。你会担心："下属能不能把工作做好？他们偷懒怎么办，做错了怎么办？"这说明授权出去并不代表放任不管。授予的权力越大，员工要承担的责任也越大。

美的集团的管理层把权力下放后，同样制订了极为严苛的业绩指标考核。上到管理层，下到基层的业务员和各级雇员，都需要在获得相应的权力后用成绩来证明自己。对每个人而言，机会和时间都不是无限的。对于管理层，证明自己的时间只有三个季度，如果你前两个季度的指标没有完成，尚还有一次弥补的机会，但如果到了第三季度仍然没有起色，你就得卷铺盖走人；对业务员，你可以用一到两个季度的成绩说话，不然也要重新找工作了。业绩是考核的唯一标准，是无人能够质疑的硬指标。

这种"不行就换人"的文化已经渗透到了"美的人"的骨子里面。业绩做不够，毫无怨言地下课；业绩完成了或者超额，从管理层到基层的每一名销售人员，人人都能获得非常可观的奖金，甚至很多美的员工在谈到自己的奖金时会表示有点多得"出乎意料"——这是业绩的回报。

一个合格的领导者，应该是企业中最"闲散"的人，正如何享健。只需要传达自己的思想和想要达到什么样的目标，其余的交给下属去做。在美的集团，每个部门的经理人和下面的职员都比上面的大老板更操心。

他们时刻充满危机感，对未来3年到5年要达到的目标必须清晰可见。你可以看看自己的公司，审视一下你当前的管理状态和用人方法。你是怎么思考用人的，是如何思考授权的？从这两个问题上，人们总能找到自己与世界级公司CEO的差距。

你要创造"环境"和掌控"体系"

美的集团的创始人何享健说："人才当然是无比重要的，做好一家企业靠的就是人才。所以我认为美的的员工都是最优秀的，部门有好经理，基层有好员工。我什么都不想干，不想管，也不用管。同时我也会告诉自己的部下，不要整天想着自己如何把所有的事情做好，而是要考虑怎样才能把事情分配给别人去干，多想想找谁去干，同时**为下属创造一个环境，然后你要做的是掌控住这个体系，一切都会水到渠成了**。"

何享健讲到了高端用人的两个重要元素：

第一个是环境——你创造了什么样的环境，就能吸引什么样的人才。"工匠环境"吸引工匠；"创意环境"吸引创造型人才；"懒人环境"则只能吸引懒人。

第二个是体系——你设计的人才管理体系决定了公司是否可以留住优秀人才，激励优秀人才不断奋进。高层管理者平时主要的工作就是掌控和维护这个体系，设计对人才的管理、激励制度。

我在多年来为国内公司进行培训和咨询服务的过程中，经常见到一些企业主管人员的用人方式是典型的"命令"型授权——对下属发布命令，去做不同的工作，做完回来汇报，由自己审查。**"命令"型授权的特**

点是管理者一个人大权在握，只分配工作而不分配实质权力。他对下属的工作既不信任，也不放心，因此对过程管理十分重视，几乎每个环节都要监督。员工的背后有一双眼睛无处不在，这是巨大的心理压力，同时他们对上司也产生了强烈的依赖性——既然你事事不放心，那我干脆事事都让你拿主意好了！

这样一来，下属在工作中只有一个选择：对领导者唯命是从，自己不做任何决定，因为没有任何权力；自己也不负任何责任，因为没有任何义务。显然这并非真正的授权，而是管理者对"用人环境"和"用人体系"的破坏。当你像调教小孩那样监督员工时，这个团队就失去了成长性，你在他们心目中的形象也会一落千丈。

人人参与，人人得利

"独赢思维"和"共赢思维"的区别是什么？很重要的一点是：前者只允许自己一个人获利，其他人都必须是自己的手下败将；后者追求的是每名参与游戏的人都可以满载而归，得到自己"应该得到的回报"。让员工的回报与付出相匹配，是聪明的管理者时时刻刻在思考的问题。

Pass Took 综合设计中心是加州地区一家有名的"土著公司"，总裁豪森是一个性格怪异而且十分冷漠的人。成立15年来，这家公司虽然还活着，但没有丝毫的发展。如果用精确的数字去描绘它的进步，那就是2013年的资产比15年前增加了30%。即使不扣除物价因素，这也是一个可怜到不忍目睹的"进步"。

豪森的公司没有倒闭，已是一桩奇迹。他每年最主要的工作就是"愁眉苦脸地思考明年的薪水和奖金应该怎么筹集"和"纳闷地反问自己为何员工提不起斗志"。2013年的圣诞节过后，豪森给我打电话，决定让我对Pass Took公司做一次全面的检查，看看问题到底出在哪儿。他在电话中说："我信奉竞争文化，但好像加州人突然遗失了竞争基因，在我的公司完全不起作用。"

我很快到Pass Took探访，并以一名"普通雇员"的身份在一个部门待了两个礼拜，很快就发现他的公司内部完全没有协作文化，竞争性极强。人和人之间是充分竞争的关系，彼此防范，互相较劲，但自利大于一切。每个人都是一匹狼，都想赢，可公司的利益在哪儿呢？豪森没有向下属灌输"合作共赢"的思维。他的确找到了许多优秀的人才，也许诺以高薪和优越的福利，可这些人来了之后基本都是各自为战，对同事没有谦卑之心，对上司没有应有之义，对公司也没有起码的归属感。

这就像去山上打猎——我打到猎物就走，猎物越多越好，哪管别人有没有东西可打呢？

每个人都希望自己赢得内部的竞争，掠走同事的机会，抢占同事的资源，只要自己能赢就行了。像这样的公司文化是非常可怕的，豪森的用人思维走向了一个过于激励人的竞争性的极端，他忽视了团队合作与共赢的力量，没有制订相应的制度，也没有教会员工必要的协作技巧。

共赢就是主动与人合作

为了提高企业整体的业绩，把人才的价值最大化，就不能忽视协作的作用。协作是共赢的基础，能帮助每一名企业成员实现他的成就。所以你在用人时必须鼓励下属主动与同事合作，让团队的总业绩超过个体的业绩之和。每个人都是赢家，团队是更大的赢家。确立这样的用人思维，你就掌控了企业，收到了用人的效果。

第一，让员工去做符合自身兴趣的工作。人才之间能不能积极协作，取决于他们对工作的兴趣。设置相应的岗位，把合适的人放上去，再给予不同的待遇和激励，就形成了合作的基础。

第二，用好每个人的特长。把拥有不同优势的员工组合在一起，让他们有充分地发挥特长的空间，构建一个人人感到舒适而努力的氛围，不约束他们的创造力，同时又能让他们像自动化的机器一样互相配合，产生合作的效果。

华尔街的一家电子商务集团为了增强全国各分公司之间的交流，组织了一次奖励非常丰厚的攀岩比赛，轮到加利福尼亚州代表队和俄亥俄州代表队比赛的时候，大家发现加州代表队并不像其他队伍那样单纯地强调团队力量和鼓舞士气，而是所有的参赛队员围在一起小声地商议什么。比赛开始后，俄亥俄州代表队屡屡遇险，很快士气颓靡，最后虽然完成了任务，但因用时过长还是输给了加州代表队。在所有地区之间的较量结束后，加州代表队成功地拔得了头筹。

颁奖的时候，集团派来的主持人询问加州代表队的队长汉克："你们赛前围在一起到底在密谋什么？"汉克得意地说："我们只是做了一个小计划而已。你看我们队的队员，每个人都有自己的优势和劣势，我们把这些优劣势重新排列，得到的就是一个完美的组合。格蕾是我们中个子最小的，但她的动作也最快最机灵，所以她要放开速度排在第一位；迈克尔个子高，速度快，也是我们队的速度先锋，同时兼具照顾后面的队员，所以排在第二位；接下来是女士和那些体型高大的队员，他们需要排在中间，大家互相帮助，协同合作，速度既不过快也不能落下；我是队中最有经验的独立攀岩队员，所以我负责在最后照看整个队伍。因此，我们轻松地赢了。"

汉克和手下队员的这个协作计划，就是"共赢思维"在行动中的表现。共赢不是嘴上说说，它要在行动中体现。作为一个高明的管理者和团队的带头人，一定要擅长把员工组合到一起，让他们的才能互补，共同完成目标和任务。当每个人都能够充分地发挥自己的特长并且密切配合时，积极的"协同效应"就产生了。

用"股权激励思维"去用人

在欧美很多公司中，全员持股的现象是非常普遍的。华尔街有90%以上的公司都向员工开放股权，特别是骨干雇员，均会被纳入股权激励的计划中；在洛杉矶和旧金山，凡是初创企业都有股权激励的制度，各部门的主管及特殊人才均持有公司的股份。我和科斯塔收集了大约100家美国公司的案例，经过调查，我们发现没有员工持股制度的公司不到6%，这是一个很小的比例，充分说明"股权激励"是多么的重要。

然而，中国企业在这方面还是一片空白——尽管这些年来有相当多的中国公司已经后发制人，成功地将股权激励纳入到了用人和管人的领域。但整体而言，中国公司的老板们仍然不愿意让员工成为企业真正的主人。

没有建立长期股权激励机制，是很多中国公司短命的主要原因。根据2014年的一个统计，中国企业的平均寿命不到3年。这是一个什么概念？意味着公司刚走上正轨，就要关门了。缺乏长期激励机制，留不住优秀人才，等创业初期的新鲜劲一过，公司骨干因为看不到自己的事业前景，就会纷纷离开，投奔那些条件优越的大企业。

为什么你的员工的工作激情只能勉强地维系1~3年？为什么你总是找不到愿意长期奉献的人才？当你百思不得其解或日日抱怨时，应该反思一下自己的激励方法——你有没有让员工从公司的成长中获得利益？

短期的激励不是难事，我们提高工资，加大业绩提成就可以激励团队把一个项目做好。比如你可以拿出40%的分成鼓励公司把一个短期的计划做好，但长期激励是不能依靠这种突击奖励的战术来保障的。这种项目分成式的激励效果会随着时间的推移而逐渐衰减，就像用杜冷丁止痛，它慢慢就会失去效果，并让人染上严重的"毒瘾"。你会永远分给员工40%的收入吗？与其说你在激励员工，不如说是为了利益暂时把人聚集到一起。缺乏长期机制和股权绑定的情况下，企业的短命在所难免。

将"股权激励"设定为稀缺品。像白菜一样常见的东西没人喜欢，也无人在乎。这决定了你要把股权视为公司的珍宝，不能随随便便就奖励给员工。你要将股权激励作为一种稀缺品来使用，可以针对性地奖励给20%的核心员工，并设定末位淘汰制度——当拥有股权的人不再做出贡献时，他就必须把股权还给公司。20%的核心员工为公司创造了80%的财富，他们有理由受到优待。你要懂得用股权激励让那些表现优异的人感觉自己是与众不同的，在公司中充满自豪感。正因为不容易得到，这种奖励才能体现它的宝贵价值。

谨慎审查员工的入选资格。不是谁都有资格参加评选，关键在于审查和评定的标准，让最优秀的员工进入候选，再进一步淘汰，最终留下来的人获得一定数额的股权，成为公司的主人之一。也就是说，你要从价值的评估、重要性、贡献大小、敬业和忠诚度、发展潜力等多个指标综合审查，让入围者与公司一起"共赢"。

制订一份利益分配计划

在电影《教父》中：柯里昂家族的第二代掌门人麦克对自己的家族顾问说："试着想想你身边的人会怎么想，在生意的基础上，凡事皆有可能。"如果利益分配不到位，即便最亲近的人也会立刻变成你的敌人。因此在遇到刺杀后，麦克马上想到是家族内部出现了欲置自己于死地的势力。

谷歌CEO拉里·佩吉说："对卓越的成长型公司来说，没有比让员工参与利润分配更美妙的事情。我见证了一个伟大的时代，他们（伟大的商业人物）不惜把最大的蛋糕分给员工，然后激励他们做出更大的蛋糕来。是的，他们就是通用、思科、微软、英特尔和苹果这些一直领跑在前的公司。相反，诺基亚因为它保守的激励策略已部分丧失了创造力，它成了时代的弃儿。不过，重要的是你如何实施这一分享计划，怎样才能恰如其分地从这根细细的钢丝上面走过去呢？这是最考验我们的部分。"

在制订利益分配计划时，你应该考虑并解决好三个方面的问题：

第一，分多少

这是无数的老总问过我的问题："我该拿出多少利益分给员工？"没有人愿意从口袋中拿出最大的那块蛋糕，但你终归要舍得"放血"，而不是象征性地施舍给员工3%-5%的利润——它还不如没有。

你可以固定比例分配——为全体雇员安排一个均可接受的固定分配比例，比如10%。企业有了盈利就按这个比例在约定的时间分配给他们。

你可以阶段性分配——按照项目的大小、挑战性和盈利的多少来制订不同的分自己比例。比如2016年公司拿下一个史无前例的大订单，如果顺利完成，你可以把这一阶段的分配比例提高到30%甚至40%，以刺激员工的动力。现在美国的许多公司都在这么干，且收效显著。

你可以指标性分配——即按业绩指标的实现情况来分配利润，设定一个最低标准，只有员工达到这个业绩标准后才能按一定比例分享公司的利润。这也是普遍采用的方法，但它在执行中并不受员工的欢迎，因为业绩指标的制订权掌握在企业的手中。员工认为管理者总会提高指标的难度。

第二，分给谁

把利润分给谁是一个让人头疼的难题，尤其当每个人的表现都很出色时。僧多粥少，难以取舍，该怎样对他们进行分配？河北有一家公司，2013年成立以来经营业绩非常好，扩张也很快，就因为公司的董事长制订了错误的利润分配方案，没有顾及中下层职员的利益，不到半年的时间就从盈利变成了亏损——因为出现了大面积的离职潮。可见对企业家来说，骨干要奖励，普通职员更要安抚，两者同等重要。

在选择分配对象时，你可以遵循两个原则：

基于岗位价值来分配——根据某个岗位对企业的价值大小，来确定该岗位负责人的利润分配方案。比如各部门的主管人员都应该从利润中分红，而一些普通的文员职位则不应该分配利润。

基于个人贡献来分配——定期对员工的贡献进行审核评定，按照他们为公司创造的业绩大小来确定应该获得多少分红。这一原则是给所有人一个公平的机会，评定时要综合考虑他对公司已做出的贡献和未来的潜在贡献，用数据说话，避免管理者个人的主观臆断。

第三，怎么分

也就是分配的方式是什么？是一次性的现金分配还是长期的分红奖励？一般而言，两种方式可以同时采用。

一次性现金分配——以季度或年度的周期把分红一次性发给员工。这种方式的短期激励性很强，但缺乏长期的激励效果。有企业管理者向我反映，不少员工拿到现金分红后有离职倾向，因为这种分配方式类似计件结算，没有绑定员工的未来。

长期分红——也就是"利润延期分配"。你可以把员工应该分配的利润折算成股权统一管理，每年或每季度返还一部分，余下的算作公司向员工的借款或他们对股权的投资。等到一定年限或员工离职时再全部返还。越是大公司就越倾向于这种分配方式，因为它能长久地绑定优秀人才，保持团队骨干的稳定性和持久的贡献热情。

总的来说，你的"利益分配计划"可以有多种选择方案，但都脱离不开科学的规划与严谨的计算。在制订该计划时，不能暗箱操作，也不能随性而为，必须遵守公司上下都认可的严格的规划和流程。

第一步，合理及公正的考核。对企业经营目标和各部门业绩的考核要有客观的认定，让每个人心服口服。

第二步，制订按照贡献大小分配的计划。贡献大者多分，贡献小者少分，没贡献者不分。不搞特殊，不徇私情，除此之外没有其他标准。

第三步，实事求是进行分配。你要把企业的实际业绩告知员工，不要隐瞒公司的总利润，拿出真实的数据，方有说服力。

关键位置必须是我的人

对于用人管理，我始终认为有两项"权力"是至关重要的，也是不能随意分配和授权的。第一是**人事权**：招聘和用人的权力；第二是**财务权**：调度企业资金的权力。企业家应该牢牢抓在自己手中，但又不能亲自上阵，而是通过"正确授权"来把握。安排合适的人选代替自己行使这两项权力，从而建立一个统一指挥和训练有素的高效团队。

在这两项权力中，"人事权"是我们用人的核心，也是管理者实现团队掌控的主要工具。充分运用好人事权，在公司的关键岗位培养服从度高和能力强的下属，是你能否实现管理目标和用人计划的重要一步。思科执行董事长钱伯斯也赞同这个做法，他说："好公司不但要培养能干的团队，还要积极培养执行力强的忠诚团队。"

有许多野心勃勃的创业者不明白这两项权力意味着什么，经常怀着一颗"好心"制造出"大问题"，结果却令自己感到伤心。我有一位姓齐的朋友，他在普林斯顿商学院"学"了一肚子"大道理"，毕业后就自信满满地回国创业，立志做出一番大事业。他有工商管理学博士的头衔，有三天三夜也讲不完的生意经和"用人哲学"。对公司的未来，他很有信心。当我警告他必须建立牢固的管理结构和人才体系时，齐先生给我的回答是："**只有蠢人才担心权柄旁落。**"

这是一句精妙的辩词，听起来令人热血沸腾，因为说得太有道理了，是掷地有声的足以写入管理教科书的大道理。但实际效果如何呢？只有齐先生自己知道。他于2015年的3月份在北京成立了自己的广告公司，并且迅速组建了一个强有力的团队，聘请了两位业内的知名人士分别担任策划总监和市场部主管。为了保证公司的业务拓展有更高的效率，他把人事权和财务权也同时分配给二人，让他们有充足的自主空间。

这个用人的策略是对的，但有一个**看起来很小实则严重**的问题：两位权柄在握的部门主管在企业的经营理念上与齐先生存在不小的分歧，与齐先生的关系也不是太融洽。齐先生缺乏对广告行业的深入了解，对中国市场也没有清醒的认知。所以完全放权后，不到半年时间，他就发现自己被实质性的架空了，公司走向了一个脱离他掌控的方向。齐先生又缺乏乔布斯那样强悍的经营理念和由此产生的个人魅力，因此到最后他成为公司的"**隐形人**"——也就是我们常说的"**傀儡董事长**"。

再给我打电话时，他的语调明显低沉失意："我有51%的股权，对公司绝对控股，但我说了不算数。除非我同时解雇他们并收回股权，但那样做会毁了公司。"这就是自己没有足够的经营能力同时又无法在用人上掌控"关键位置"的恶劣结果。

互联网上流传着一个故事，讲的是一个富商要为女儿征婚，发布通告后选来选去，淘汰了无数应征者，最后留下的只有甲、乙、丙三个青年人。富商就把这三人叫到面前，让他们各自述说自己的优势。

甲说："我的账户里有1000万。"他很有钱。

乙说："我有2000万，还有几套房产，一家上市公司。"他更有钱，而且还有能力。

丙说："我的存款只有两万，不过我肯定会是你最满意的女婿。"他既没钱又没能力。

对丙的说辞，富商当然一脸的不屑，反问道："为什么，你倒是说说看？"

丙笑了笑，非常自信地说："我的孩子在你女儿的肚子里。"

这个故事的结果，是丙毫无悬念地成为了富商的女婿，甲和乙都灰溜溜地败下阵来。丙的成功逆袭说明，不管是求婚还是经营一家公司，你的**核心竞争力都不是财富和能力，而是关键的位置上有你自己的人。**凭借对关键位置的用人权，安排有能力并且忠诚的人替你做事，你就掌握了管理的主动权。

把"可信任"的人放到关键位置

在落实"用人管理"时，我总是对企业家强调"可信任"这个词，而不是"完全放权"。放权是必要的，但前提是这个人你能够信任。这就是应变地考虑，同时也是"权变"地对待权力的分配。"可信任"的标准有三条：第一，他和你的经营、管理理念是高度契合的，不会出现根本性的分歧。这个标准决定了你们之间的合作是否默契；第二，他对你和公司的忠诚应该是同等的。关键位置上的人既要忠诚于公司，又要忠诚于企业的最高管理者，两种忠诚不可分割。第三，他的道德水平和个人品格应该无可置疑，是拥有高尚的个人品质的人，不会利用你授予的权力在公司内结党营私，谋取私利，甚至谋求将公司的部分权益永久地据为己有。

关键岗位的人必须有能力

第二条的重要性有时远远大于第一条。没有能力的人即使有最高的忠诚度，他在关键位置上的作用也会非常小，甚至会起到恶劣的负面作用，因为他无法赢得下属的拥戴，不能为公司带来实质的利益。

高盛公司的证券经理柯·蒂恩对此很有感触。他说："在很多投资项目的操作中，我都有因为信任错了人而导致的不利局面。比如有些家伙完全没有市场眼光，平时就靠溜须拍马博取欢心，我让他担任项目主管，结果却搞得一塌糊涂，下面的人纷纷投诉，还有人跑过来辞职。后来我换了有经验的主管过去，才扭转了形势。"

这说明，我们对人才的综合考核非常重要。不能像齐先生那样仅凭下属的工作能力和丰富的经验就轻率地委以重任，也不能像蒂恩一样觉得这个人非常忠诚就委派到关键的岗位。两种做法都会带来不良的后果。你只有全面审查人才的各项素质，再安放到重要的职位上，才能收到预期的积极效果。

在我这儿可以赢得全部

克兰茨是一名意大利人，今年28岁。他是一个非常慷慨的人，对管理有着独特的认知。当他和我谈到他自己的用人思维时，我的第一感觉就是他是不可多得的高端管理人才。他起初在热那亚的一家APP公司做兼职，快乐地工作之余，经常和女友讨论将来到哪里生活。他喜欢米兰和罗马，但后来还是决定留在热那亚，自己成立一家电商公司，以互联网为平台做进出口生意。

公司成立两年后，我发现他取得了不可思议的成功：从一个小小的7人小组迅速发展成拥有200多名雇员的大型电商公司，业务开展到了全欧洲，在德国、英国及挪威等国家设立了多家分公司。克兰茨是怎么用两年时间做到如此大规模的？

他说："我没有别的本领，我不会像房地产大王特朗普那样对下属许以高薪及高提成，但我认为高度参与经营管理的员工是企业成功的关键，想让员工在明天还能死心塌地地跟着你干可不是一件容易的事情，我需要用未来证明这一点。因此，我允许员工在这里可以实现他们梦想的一切。"

需要证据证明这一点吗？克兰茨公司的一名服务部主管梅切尔斯基感激地说："我来公司时只是一名普通的调度员。我经常给老板发邮件，告诉他我对公司服务理念的想法，他很认同，然后把我的计划拿到高层会议讨论；他把我叫过去，说：'嘿，兄弟，你跟他们讲一下这个创意怎么样？'我没想到会有这样的待遇，那是我阐述梦想的一刻，而我确实梦想成真了。"不到4个月，梅切尔斯基就成了公司的主管人员之一，他也发挥出了自己的全部能力。

有多少公司没有提供这样的"**梦想空间**"呢？全球HR咨询巨头Towers Watson为我们出示了一份数据：在对上万家企业的调查中，超过63%的员工都认为自己在公司并没有参与感。他们除了每月固定的薪水，别的不论什么东西都不可能获得。有人嘲讽地说："梦想成真？别逗了，那只是我们老板用来哄人的。"可见，能不能让员工在你这里实现梦想，关系到你的公司是否像克兰茨的企业那样具有惊人的成长速度。

让员工"为工作奋斗"，而不是"拿钱干活"

如果企业没有提供实现梦想和收获成就感的空间，员工就会缺乏持续的工作动力。他们在一天8小时的工作中会有2-3小时处于游离状态，另有3小时则是勉强应付，只有不到2小时的时间是在奋力工作。他们来这里只是拿钱干活而已，因此不想付出更多。

在ASTD举办的2010年国际会议上，一名"就业问题"的研究专家告诉我，全世界所有企业的员工都可以分为两种：一种是拿钱干活的雇佣军，一种是为工作而奋斗的企业主人公。拿钱干活的人他们的想法特别简单: "我来这里是做交易的, 我付出时间, 你给我薪水。" 反之, 为工作而奋斗的人对企业有强烈的归属感, 他们首先希望把工作做好, 对公司的成长有很强的参与性: "请问, 公司需要我做什么?"

你能否把自己的员工都变成 "为工作奋斗" 的人? 这取决于你如何看待他们的价值, 以及为员工提供的舞台有多大。

向优秀的CEO学习 "煽动力"

让骨干人才 "死心塌地" 的方略就装在你的头脑中, 它只需要你变换一下思维——想想员工从这里最希望得到的是什么? 他们来到一家公司, 到底是为了钱, 还是有其他你不知道的目标呢? 请郑重地想一想, 站在员工的位置考虑一下, 你就会发现自己忽略了许多一直存在的 "员工需求"。它们就写在每个人的脸上, 只是没有引起你的注意。

——工作是有趣和富有挑战性的吗?

——有没有学习、培训与深造机会?

——工作环境是否公平?

——是否劳有所得、付出有相应的回报?

——有没有一个令自己尊敬的上司?

——价值能否得到充分的认可?

——有没有表现更多潜能的机会?

——福利待遇是否令自己满意?

——是否能从工作中感受到使命感?

看到这些需求后, 你就得问一问自己: "如果我不能满足他们, 不能激发出他们的斗志，员工凭什么继续跟着我混呢？"接下来就得设计一下，作为企业的带头人，你能不能表现出足够的"煽动力"，去感染和凝聚他们？

第一步，告诉员工这里能满足他们的家庭所需，即便最差的职位，也能让他养家糊口，不必担忧家庭的经济支出。

第二步，引导和培养员工思考问题的方法，教会他们按照公司的思维去思考。

第三步，激发员工的上进心，帮助他们树立自己的人生目标。

第四步，用一系列的积极政策培养快乐的工作氛围，让员工因工作而快乐，体会到愉悦的成就感。

第五步，帮助员工建立长久和强大的工作信仰，并让他们明白只有在这里才能实现自己的人生价值，让他们和公司一起为共同的目标而奋斗。

卓越人物的信任法则

理由法则→你必须告诉他们"为什么"

信任需要一个理由，不管是管理者对员工，还是员工对自己的上司。你要明白，大多数人并不是天然质疑权威——他们对你产生误解，不过是因为你没有告诉他们"**为什么需要做**"。所以，当你在命令员工去做什么事情时，先把原因讲清楚，这是取得信任的前提。

问题法则→你要"问"和"回答"更多的问题

不要总是用你的眼神和表情去用人和管人，而要用你的询问和响应——多问员工问题，并经常回答他们的问题。通过不断地询问与响应，和员工建立顺畅的信息交流渠道，这将助你与员工产生更大的交集，了解他们的心声，并取得他们的理解。

建议法则→从"命令"到"征求建议"

传统的指挥思维是关于"命令"的，老板发出指令，让员工迅速执行。多数情况下，没有解释，也没有交流，不能及时领会并完成工作的员工会被淘汰。但这实际上导致了老板和下属的情感割裂：即便执行有力，员工和老板也并不互信。所以，你要在命令和执行之间增加一个环节：向员工征求建议。和他们讨论计划的执行细节，用协作的方式对决策及执行做全面的商讨，然后对他们的建议做出肯定。在这个过程中委派给员工任务，效果就会好很多。

谦逊法则→请多向员工显示你的谦逊

为什么不能谦逊地对待下属呢？最可怕的不是我们找不到有用的人才，而是用高傲关闭了和人才建立牢固联系的大门。管理者适当谦逊一些，将使你和员工的对话不用太艰难，至少他愿意向你靠近。谦逊的态度意味着我们尊重员工，当员工能够感受到这种尊重时，双方的信任度就得到了加强，他们对公司的归属感也会上升。

教练法则→不要充当"警察"，而是成为他们的"教练"

优秀的企业家很少在下属面前穿上"警服"然后耀武扬威。他们知道成为怎样的角色才符合自己的最佳利益，比如必须以员工的"教练"的身份出现，坚持向员工传授工作的经验和变得强大的方式，让他们成为一名好员工并给予晋升的机遇。这会为企业创造一个良好的上进的氛围，而不是压抑的环境。从员工的角度看，他们也希望上司是自己的师友。

指导法则→在员工需要的时候提供指导并帮助他们发展

"师友"关系体现在你应该倾听员工的心声，关注他的个人发展并在必要时提供帮助和指导。一个不懂得指导下属的企业家是失败的，这样的企业也很难成长。没有员工的成长，能力再强的CEO也不可能独自让公司运作。而且当员工长期得不到个人的发展时，你的威信也将降低——失去员工的信任。

明确法则→你要成为一位方向明确的带头人

你要非常清楚让员工通过什么样的方式才可以快速而且节省成本地实现目标，并给他们明晰的方向性。员工希望自己的老板成竹在胸，这能让他们的信心得到提升，从而在工作中"越战越勇"。如果一个领导者都不知道前面的工作如何开展，那就很难得到员工的信任。所以，在适当的时候你要显示自己的宏观视野，给予员工关注和支持，带领他们走上正轨。

试错法则→你要敢于给员工犯错误的机会

不要以经验来判断员工的能力，也不要当一个苛刻而冷酷的老板。

你不但要允许自己犯错误，还应给予员工试错的机会——鼓励下属大胆尝试，安排锻炼的机会，通过总结教训来培养员工的能力。特别是对新员工来说，这样的上司是完美的，也是他们最需要的。你敢于为犯下错误的人承担责任，他们也会加倍努力为你工作。

爱好法则→你要有丰富的业余爱好并让员工知道

一个懂得热爱生活的人必定深受下属的爱戴。科斯塔说："凡是有着良好生活习惯和业余爱好的企业家，他的情绪是乐观的，工作状态也是健康的。在这样的人手下工作，员工不会成为麻木的机器，相反还会非常拥护他的领导。"重要的不仅是热爱生活，我们要把丰富的业余爱好表现到工作中，在工作之余调节压力和情绪，把员工从紧张的工作中释放出来，与他们沟通、交流这些爱好。高情商的企业家经常举办一些活动，让员工和自己一起打球、唱歌等，目的就是和他们交换爱好，加深理解和加强信任。

经验法则→你要让员工看到你的"成功经验"并从你这里获取信心

有些人喜欢向下属袒露自己失败的经历，在员工面前上演"苦情戏"，让团队知道自己有多不容易，但并没有告诉他们自己是怎样从失败中走了出来。比如南京有家公司的老总对下属说："虽然我一直在经历挫折和失败，可我从来不会向困难低头，我们早晚会成功的！"这是非常"危险"的行为，员工往往不会同情他，相反会觉得在他的手下很难得到成长。这样的领导者在处事和性格方面也有重大的问题，他不懂得让员工看到自己的"信心和经验"是多么的重要。人们愿意追随成功的强者，而不是被经常失败的弱者领导。员工觉得你是一个能力强大、经验丰富的卓越人物，他们才会真正地信服你，把你当作学习和模仿的"最佳榜样"。

舍得法则→你要成为一名"敢于舍得"的团队主管

运用"舍得"的思维，能为你带来意想不到的成果。一名优秀的企业主管知道分享与舍得的重要价值，公司不是他自己一个人的领地，而是全体成员的"利益共同体"，是所有人的家园。他勇于舍弃自己的私利，保证员工的利益。就像那些愿意把利润的60%分给员工的卓越领导者一样，敢于"大舍得"，才有"大收获"。扎克伯格谈到这一问题时就说："为了让公司得以成长，我没什么可以保留的，全部都可以放弃。"他的这种态度为Facebook公司带来了强大的凝聚力，全体雇员将之视为公司的精神领袖，对他无比信任。这样即使Facebook遇到了困难，他们也乐意做出牺牲，与管理层一起共渡难关。

收放法则→在授权与控制之间要取得平衡并收放自如

高明的企业家在对人才的管理上，十分注重"抓大放小"和"过程控制"。授权是必要的，但又**不能让"脱缰的野马"跑出围栏**。为了使下属能放开手脚，在授权和控制之间寻找平衡就是一个非常重要的管理学问题。好的做法是，要充分授权，而不要随意授权，并在适当的时候进行过程的监控。让权力在"轻松的约束"下运行，没有约束的授权就等于放任，没有信任的监控则等于**"管理的专制"**。为了保证人才使用的效果，你必须对公司的各项权力收放自如。这样下属才能在你手下既有自由发挥的空间，又不至于逃离管束。

公平公正法则→必须不偏不倚地处理事情

在处理内部的纠纷和利益分配等问题时你要采取公平和公正的法则，规则面前人人平等，不能存在特殊人物，也不能在同一种错误面前区别对待。兼听各方的意见和建议是一个有益的做法，不听信一面之词也有助于你树立**"可信服的仲裁者"**的形象。用人的至高境界便是仲裁，不偏不倚地调和部门利益与员工关系，人们不用担心在你这里遭遇不公的对待。在我们的调查中，"公平公正"一直是员工对自己的上司提出的主要诉求之一。站在他们的角度想一想，你也会深刻体会到这一法则对于构建信任关系的不可取代的价值。

胸怀法则→你要让员工看到你心胸宽广的一面

现在，心胸宽广的管理者似乎是不多见的，为什么这样？员工为何总觉得上司睚眦必报、斤斤计较呢？管理者的魅力不仅体现在严格地运用公司的制度对员工进行驾驭和管束，还表现在他能不能为下属提供充分的成长空间——不害怕下属会超过自己。你自己要有足够的自信，毫无保留地培养他们，不用害怕成长起来的员工离开公司。你要有打开鸟笼的精神，让他们像你一样生出强壮的翅膀。当人才流失掉以后，也不要忌恨，而是祝福与鼓励，并随时欢迎他们的回归。人才总会被这样的领导者打动，他们更愿意继续留在团队中。这是优秀的企业家之所以能够构建强大团队的秘密。

真诚法则→你要表里如一，展示自己极强的人格魅力

要让自己成为一位信守承诺的真诚的领导者，在员工面前言行一致，敢作敢当，坦诚地面对任何问题——当面解决，而不是秋后算账。每个人都希望遇到这样的老板，并把他当作自己学习的榜样。科斯塔说："你会看到越是社会上层的成功人士，就越有一种简单和真诚的品质。就像许多人见到扎克伯格后对他的坦诚感到惊奇一样。他对任何事情都有着独到而且直接的认识，从不回避谈论自己的观点。他一点也不复杂。"如果你还在思考为何像扎克伯格这样的人能成为世界级的企业领袖，为何那些天才级的程序员和设计师都愿意为他工作，这就是一个重要的原因——做到了真诚和简单，就能取得人们的信任。

站在巨人的肩膀上

谈到用人和管理团队，我们不得不提到马云。作为阿里巴巴、支付宝以及淘宝网的创始人，马云是这家互联网巨头公司的"教父"，他的成功以及他的管理经验也被录入了哈佛 MBA 的经典案例。他的成功为我们提供了哪些可以借鉴的经验？

找到那些和你拥有共同价值观的人

在马云看来，"共同价值观"是一支团队得以生存的基础，也决定了这个团队的成长上限。马云能够看到团队的本质，也非常清楚团队真正的力量来源于何处。他说："中国的企业很少讲到使命感、价值观、理想和共同目标这些东西，而国外企业相对来说就非常重视。谁都知道，公司想发展就得有一个精英团队，但我们平时在用人上最强调的并不是精英人才，而是对公司的价值观有认同感的人。人才进入我们的公司以后，必须要认同我们的文化和理想。如果他觉得来公司就是为了上市分钱，分完钱就走人，那这样的人就不应该让他进来。"

　　阿里巴巴对每一名新人都有为期一个月的专门培训。培训的内容就是共同价值观和团队精神。阿里巴巴的价值观是什么？就是——"所有的人都是平凡的人，平凡的人聚到一起做一件不平凡的事。"基于这个价值观，谁如果认为自己是精英，阿里巴巴就会请他离开。这是一种非常了不起的价值观。

　　在马云的公司，没有员工是为他工作，而他也讨厌别人为自己工作。有一次，一个员工对马云说："你真是一个好老板，我要为你工作。"马云第二天毫不犹豫地把他辞退了。因为**他不需要一个奴隶，他要的是为了一个目标和理想而干活的人。**

　　创办一家伟大的公司比让公司上市更为重要。企业只有具备了自己的独特价值观并有一大批员工的认可，才能长久地发展下去，做成一些了不起的事情。马云是这么认为，也是这么做的。因此他才自豪地说："这个世界上不可能有人可以挖走我的团队。因为我们所有的员工都认同一个共同的价值观，包括董事会成员和每一名普通员工，大家都在朝这个方向去做。我们要做80年的企业，要成为世界十大网站。这个文化已经在阿里巴巴形成了，是一个空气新鲜的土地。所以即便人才离开了，外面的工资再高，他可能还会重新回来，因为他呼吸惯了这里的空气。"

　　如果按照规模划分，从小企业到中等企业，再到大企业，我们需要学习的管理办法有很大的差别——小企业的发展必须要依靠小老板的精明；中等企业开始初具规模，财务、人事、市场等各方面工作变得复杂，所以要依靠必要的管理手段，套用很多系统的管理工具；而对大企业来说，在一切茁壮发展的时候，就必须要施展你的诚信，展示自己作为管理者的个人魅力。但说到底，不管是处于哪个阶段何等规模的企业，在管理上都逃脱不了人才的选拔。而在人才的选拔和管理上，基础就是价值观的审查和塑造。

也就是说，如何才能选对公司需要的人才？最重要的也是第一位的要素，就是"价值观"。一个有共同价值观的企业才是稳定的，管理者的任务就是找到能够产生共同价值观的人才，再把他们凝聚起来。

用智慧和胸怀驾驭"能力强的下属"

有一些年轻的企业家对我说："我认为管理团队很简单，就是执行，让他们干活。我传达命令，下面的人听我的，认真去做就行了。"能力平庸的员工还可以这么呼来喝去，对那些能力很强的人才呢？他们又说："那就加钱，用高福利高待遇让人才听指挥。"

驾驭团队的秘密真的是这样吗？为什么仍然有那么多管理者抱怨执行困难？为什么成熟专业的团队少之又少？

企业家和部门主管仅仅依靠手中的权力和财富是没办法驾驭一个优质团队的。要让下属服从于你，忠诚于企业并且信任你这个领导者，首先需要你有很高的人格魅力，既有智慧又有胸怀，而不是你手中握的股权多，你的职位高我就必须听你的。靠权谋之术去驾驭人才的行为，是非常不专业的表现。

众所周知，马云虽然"贵为"阿里巴巴集团的董事会主席，但他手中持有的股份只有10%左右。他对阿里巴巴集团并没有法律上的控股权。不仅如此，马云在IT技术上也是一个彻头彻尾的外行。但即便这样，他仍旧强有力地掌握着阿里巴巴的命运，公司也连续四年荣登《福布斯》全球最佳B2B网站的榜单。

为什么马云对公司有这么强的控制力？他说："就算我控制了公司51%以上的股权，你们当然都会因为我手中的股权而听从于我的，这又有什么意义呢？况且，根本就不会出现所有人都听从于我的情况。除非你讲了一堆漂亮的废话，任何人都没有异议。"他从根本上蔑视金钱与权谋对人才的影响力。

在对公司的管理中，一名聪明的CEO要掌握和控制的并不是人，而是决定权。这将考验他的智慧和胸怀，具体体现在他的管理理念和发展战略是否正确，是否受到员工的广泛欢迎。一个有智慧的管理者一定要有比他人长远的眼光，可以让全体员工为之折服，愿意听从他的指挥。所以每当有人请教团队管理经验时，我就建议他去阿里巴巴看看，观察一下马云是怎么做的。你能做出正确的决策，就会拥有在公司的决定权以及对员工的影响力。另外，对员工的态度和心胸也是一项很重要的加分——可以让下属佩服得五体投地的人，就算重新创立一家公司，也会非常快地重新崛起。

这就是管理理念的不同，是**"智慧型思维"**而不是**"权谋型思维"**为我们带来的奇妙的力量。马云虽然没有控股，但他却控制着阿里巴巴的整个团队。在他看来，他不需要用控股的方式来控制这个公司，而且阿里巴巴的任何一个股东都不具备这个权利。因此马云才说："如果他通过控股来领导公司，手下就会出现一批没有主见的跟屁虫，还有一些要大展宏图的人会因此离开你，离开公司，因为他们不需要一个只有权利欲望的领导。"

始终爱你的家人，而不是只看到钱

在一次采访中，马云提到了家人和幸福的家庭生活对于企业家的意义："我见过世界上许多成功的企业，发现那些成功人士都会把自己家人的照片摆到办公室，墙上也总挂着团队的合影或帮助过自己的人的照片。这说明了一个很有意义的问题，他们的成功是因为自己面带微笑，每天开心。家人是他们成长的稳固靠山，而不是钱。所以那些最失败的企业，你会发现他们的办公室充满了铜臭味。"

当一个团队的管理者脑子里想的都是钱，嘴里说的都是美元或人民币时，他和团队是没有感情的；那么他的用人一定很失败，企业也不会走得远。这是一个放到全世界任何地方都成立的事实——**如果你不爱自己的家人，你就管不好自己的团队**。

帮助你的员工，成为他们的老师

马云不止一次地强调过："好的企业管理者一定是员工的好老师。"这跟我在培训时提倡的"当教师而不是当警察"的观点是一致的。我们雇佣人才来到企业，是和他们一起成长，帮助他们变得更优秀，而不是"看守犯人"。因此凡是有成就的企业家，他们在员工眼中的形象都有"老师"的属性——能让员工学到东西，而不是感到畏惧甚至产生仇恨。

对"老师"这个角色，马云是这么理解的："在我当老师的时候，我就希望自己的学生成为全校最好的学生，希望他们成为社会上的有用之才，能超过我最好。我是说我不是最好的企业家，但我一定是最乐意教人的企业家。所以，与其说我是一个首席执行官，不如说我是一个'首席教育官'。因为当老师很有意思，把我自己懂的东西和别人分享是一种幸福。"

成为员工的老师，并非要求你一定是老师出身，而是养成一个习惯：在不断充实自己的基础上，又能去激发员工的潜能。所以，真正的好公司都不欢迎没有感情的"职业经理人"，而是喜欢"教师式"的领导者。前者是冷冰冰的，他看待人才的态度是审查缺点："这个人有些地方不合格，不能要。"后者则充满培养的眼光，他用挖掘优点的态度看待人才："这个人有些方面还不错，如果发挥出来对企业的未来很有帮助。"

管理者怎么去用好人才？马云说："去激发每个人的潜能。一个人的百米速度是13秒，但后面有老虎在追的时候，他可能就跑出来11秒。企业的领导者要去缩短这2秒的时间，争取让每个下属都跑出11秒。"他从不认为人才是缺乏的，从来不愁招不到合适的人，只担心公司的各级主管能不能履行好"老师"的职责。他认为，**企业最大的财富是员工。员工不成长，企业就不会成长**。

让他们得到"应得的"

什么是员工应得的？首先你要理解这个部分——员工应得到的报酬只有工资和年终奖吗？显然不是。有的老板特别喜欢把人才当驴使，这是一种"压榨思维"，是追求独赢。他可能每月发几万块给高级人才，年底再发20万奖金，但永远不告诉员工公司赚了多少钱，也不会从利润中分红给他们。至于股权的激励，员工想都别想，老板只把公司当作自己的私产。

马云说："在我看来这样的公司永远成功不了，可能有小成，但不会有大成。我碰到这样的老板，一定捏着鼻子走开。"阿里巴巴成立不到几年，就迅速成为了中国互联网行业的传奇，乃至成为全世界最好的电商企业，甚至深深地改变了十几亿中国人的购物方式，其影响力辐射到了全亚洲，就连欧美也有数千万用户在使用淘宝和阿里巴巴企商平台。成功的主要原因之一就是马云让每一名员工都在自己的付出中劳有所得，他把股权分给团队，而不是控制在自己的手中。他坚信只有股权分散，股东和员工才更有干劲和信心，公司才有无限的前途。

乐于自我反省

如果一个团队的管理者不懂得反省，不愿意反省，那么他的错误就像"垃圾车"一样不断地累积然后发酵。错误就是生活垃圾，太久不清理就会产生毒气，危害居民（团队）的身心健康。一年不清理，大家皱着眉头勉力为之；两年不清理，大家都走了，留下管理者一个孤家寡人。

马云说："企业家要问问自己，员工为什么要跟着你混？你一定要乐于反省，敢于反省，让员工看到他们的老板是人性化的，是能改错的，也是能合作的，否则他们觉得你是一个固执的家伙。谁愿意跟'永远正确'的老板一起工作呢？"这就要求管理者先管好自己，再去管员工。管好自己有一个标准：**你要知错就改，认识到自己不是完美的。**

CHAPTER SIX

沟通：应对复杂情势的
最佳途径

◆ 普遍存在的沟通障碍

◆ 无障碍沟通的四项原则

◆ 用"沟通"构建信任感

◆ 树立不受干扰的责任体制

成功者从不逃避问题，他们主动沟通并深谙此道；沟通可以解决这个星球上的大部分问题：管理下属，说服客户，协调资源……但你知道如何才能有效沟通吗？你知道怎样在沟通中灵活地应对复杂情势吗？想笼络人心，就先改变自己僵化的思维。

"无障碍沟通"是一切的开始

人与人之间的沟通有多么重要？韦尔奇在对通用公司的管理中最推崇的方式就是"加强沟通"——**沟通可以解决"制度解决不了的问题"**。没有无障碍沟通的意识，你就成为不了优秀的企业家。

回避沟通的动机通常是因为你要"躲避问题"，就像台风来时把自己藏进地下室一样。为何不在平时加固好房屋呢？沟通等于加固你和别人之间的桥梁。有强大的沟通能力和沟通意识，你就可以获得员工、同事以及客户的认可，并笼络人心。

现实中，我们发现有70％的失败都来自于沟通障碍所引发的问题——沟通不彻底或者不擅长沟通，将会给你的管理埋下隐患，给你的客户种下误解的种子，给你的社会形象带来负面的影响。卓越的成功人物都是笼络人心的高手，他们是员工心中的"领袖"，是客户眼里的"最佳伙伴"。即使做不到这么优秀，你最起码应该为自己和这个世界建立一个通畅沟通的平台。

普遍存在的沟通障碍

2015年9月份，一场由当地商会组织的38家公司参加的沟通课程在洛杉矶举行，参与者全是这些公司的高级管理人员，甚至有些公司的CEO也来到了现场。他们都是很有智慧的人。这些人共同关心的问题是：有哪些状况表明我们的沟通策略出现了错误？

霍尼斯是当地一家知名公司的总裁，让他困惑的是，他对公司的管理倾注了大量的心血，真心实意地对待每一名部下，并且对客户公关的投入度也很高，但似乎完全没有收到计划中的成效。"我感觉不到下属对我的尊敬，他们背地里议论纷纷，明显对公司是有意见的，对我的领导力也时有质疑；我的客户关系一直以来都是不好不坏，留不住老客户，似乎有很多解不开的误解。"霍尼斯对我说。他今年41岁了，公司已有12年的历史，员工两百多人，客户遍布全美。但总体而言，没什么发展前景，能维持目前收支平衡的局面就已是万幸。

一个不懂沟通技术的人显然是无法赢得人心的。第一，他无法让别人理解自己，第二，他可能在理解别人的过程中也会遇到麻烦。两个问题互相加重，造成了他会遇到诸多因沟通不善出现的状况，其中很多状况都是非常典型的——我们经常可以碰到。

问题：气氛为何不冷不热？

你会感到和下属间的气氛是不冷不热的，既无法深入交流，也不至于冷漠。它令人尴尬，好像隔了一层透明塑料。当这种氛围出现时，你没办法敞开心扉，他们也不会和你畅所欲言。就像你第一次和陌生的客户见面一样。

造成这种问题的根源在于缺乏信任，在互相提防的状态中，没有人愿意多说一句话。

问题：为何存在负面情绪？

团队中的消极情绪到处弥漫，没人对你的鼓动感兴趣，他们觉得你"这位沉默寡言的领导者"更像是悲观的死神，前景肯定是一片灰暗。有时客户也会对你有这种负面的感觉，你不能完全获取客户的重视。在客户眼中，你不具有说服力。他会在心中说："凭什么相信你呢？你没有展示出自己的实力！"

如果让人没有信心，或者你没有向他们灌输美好的愿景并充分地沟通，就很难帮助对方建立积极的心态。

问题：为何没有共同话题？

作为主管，你和下属的共同话题有限，和客户之间也只聊公事，很少谈及工作之外的事情，比如自己的爱好等。你和别人没什么可以畅谈的共同感兴趣的话题，经常三言两语不合就甩袖走人。

这是因为你在沟通中没有建立良好的习惯，也没有积极主动地向人敞开你的内心；或者你只是机械教条地"商业式"地去进行沟通，难免就会给人一种"这人十分无趣"的印象。

问题：为何执行效率很低？

作为企业的负责人，你会看到下属的执行效率很低，工作成效不高而且同一错误反复出现。当你惊奇地注视着这些不断出现的相同错误时，他们即便感觉到了你的愤怒，也很难一次性地纠正过来。你好像被完全忽视了，这也并非他们乐意发生的。

在低效率的工作环境中，似乎你们都没有错，根源就在于你们双方没有就工作的各个环节进行充分的事前沟通。沟通不到位，准备就不充足。就像一群人手忙脚乱地走在一个漆黑的山洞中，大家各走各的，结果是永远走不出去。

问题：为何激励的效果很差？

企业的激励效果差，尽管你制订了非常棒的激励计划，但效果完全出乎预料。员工们对计划不理解，甚至有些抵触，他们对企业的各项规定都缺乏认同感。

在制订和颁布激励政策前，假如你没有沟通意识，没有提前了解团队真实的想法，那么再好的计划也很难得到支持，效果自然好不到哪儿去。

问题：为何互相缺乏认可？

领导者与员工之间的相互认可度非常低；企业领导与客户之间的交集也非常少。双方互相抱怨，不是你觉得对方不尽心，就是对方觉得你的眼中只有钱。

对彼此的工作理念、经营思路和产品定位缺乏详细的沟通，工作起来就容易各说各的，"尿不到一个壶里"。在互相缺乏认可的情况下，不管做什么事情都会遇到挫折，难以拧成一根绳。

诸如此类的障碍，说明的都是同一个问题：沟通不畅。缺乏沟通会产生一系列的连锁反应，但最终的结果都是一样的，它让我们做不好工作，也得不到员工和客户的认可。凡是成功的企业家，他们都是沟通大师，拥有超前的沟通思维，对问题有精确的预判并知道该从哪里着手；凡是工作和生意出现问题的失意者，他们无一例外都有沟通不善或者忽视沟通的缺点。

"无障碍沟通"的4项原则

在洛杉矶的那次企业家沟通课程中，我向参与者提到了"无障碍沟通"的重要性。没有障碍的沟通并不是一件难事，但前提是要先去除我们思维的障碍——把阻挡在我们和员工、客户之间的墙彻底拆掉，才能践行下述原则，解决和避免沟通上出现各种各样的问题。

透明原则——要为自己构建一个比较透明的团队

"透明性"是非常关键的，不论在企业内部，还是你和客户之间。你要让自己的团队变得更为透明，要和下属、同事相互了解各自的工作预期与兴趣，还有真实的目标和将遇到的困难，把这些统统作为内部公开的信息。信息越透明，沟通就越容易，你和他们就越容易拉近关系，这是去除沟通障碍的基础。

清晰原则——要清晰地把你的目标告知对方并详细沟通

我建议让公司所有的成员（包括普通员工）也能参与到公司各项目标的制订中来，在这个过程中和他们完成沟通，让他们知道"我们要做什么"和"我们会怎么做"。在下达命令和发布计划以后，也要确保每名员工理解你的意图，保证他们无障碍地接受。对待客户也应该如此。你会和生意伙伴一起制订未来的计划吗？还是你自己悄悄地敲打算盘？后者是危险的，容易让你和客户之间产生隔阂。把目标清晰地告知对方，大家在沟通时才能有足够的共同语言和相应的想法。否则，人们不知道你在想什么，也不清楚你想干什么，又拿什么来跟你交流呢？

信任原则——要在信任的基础上去沟通

如果彼此不信任，沟通就失去了意义，必然有一道厚厚的墙挡在你们之间，永远都会用怀疑的眼神审视对方。不信任对方，你表达的内容的真实程度就会大打折扣，不真实的沟通自然产生不了有效的沟通。我相信每个人都更愿意对那些自己信任的人讲出真心话，所以一定要建立信任的基础，再在信任的前提下去沟通。

怎样来建立信任感？第一，对待工作伙伴就像对待朋友和亲人一样；第二，在培养信任的情感时就像培养自己和爱人之间的默契一样。坚持这两项原则，可以很快地创造一个信任的环境，为沟通打下牢固的基础。

榜样原则——要以身作则体现沟通的效果

有的人认为自己是做大事的——多数创业者都有这种不切实际的虚荣的自我定位，因此觉得规则是约束下属的，计划是让员工去执行的，自己就随性而为，想干什么干什么。假如你每次都这么干，你辛苦与人沟通的成效就没有了，因为你在要求别人做什么的同时，他们也会盯着你，看看你是怎么做的。你可以看到那些真正的优秀人物都是能够严格要求自己的，他们在要求别人时，总能自己率先做到。只有以身作则，才能用自己的行动影响别人，把沟通的效果成倍放大。

充分表达：让人了解你的需求

科斯塔在完成了对华尔街的一家金融公司的CEO的采访后说："**合作的核心就是沟通**，谁可以把自己的观点明确地传达给对方，让双方的思想高度融合，保持一致，谁就能迅速得到对方的理解和支持。在团队管理与谈判中，没有什么比充分表达更重要的策略了，你要抓住一切机会，让人们知道你在想什么和你想要什么。"

作为宅急送北京分公司的前总裁，郑瑞祥当时有开不完的会。他经常跟八九个部门的主管面对面地沟通，了解下面的情况，布置最新的任务，并向下属解释工作应该注意的地方。他说："沟通有一种最简单的办法，就是在第一时间把计划和任务明确清晰地布置下去，而且当场把需要达成的目标表述清楚，尽量让员工明白所有的细节要求和他们要做的工作，后面的管理才好开展。"

在沟通时充分表达，就是要把自己的想法说清楚，讲出重点，并明确告知对方"我的目的"。所以你会看到，那些擅长沟通的人，他们和你说话时总是一板一眼，有事说事，绝不掩饰，开门见山地把问题讲明白。

反之，沟通有问题的人在表达上的效率就很低，不是隐瞒关键信息，就是费了好大工夫也讲不明白。

重点信息必须完全表达

"什么是重点信息？"费城一家企业的CEO华生说，"比如我交代一项生产任务，产品、客户、时间要求、质量要求，这些关键的部分就是重点信息，我要明白无误地告诉下面的生产人员，以书面通知生产部门的主管，还要当面讨论其中的细节。"

华生的企业有7个车间，为了保证沟通的充分，避免出现生产事故，他要求车间的工人每小时都要进行20分钟以上的信息沟通活动——保证时刻掌握关键任务和重要的信息。"否则便可能遗漏些什么，导致问题的发生。"华生有血的教训，3年前，他的企业因为车间主管与工人的沟通不畅，工序出现了几秒的误差，就致使两名工人掉进滚烫的金属液体身亡。从那以后，他就在每一个部门都设立了**"强制沟通制度"**。

比如，他要求基层的管理人员把工作时间的50%拿出来用于跟同事进行各种形式的沟通，包括语言和书面报告；部门的主管人员则要把自己工作时间的60%以上都用于沟通和交换信息，必须保证任何一条信息均是通畅传达的，没有耽误。

完全表达，就是毫无保留地告知对方，不得有丝毫隐瞒。科斯塔说："卓越人物清楚地知道，**隐瞒关键信息的行为无异于杀死自己**，特别在与人的沟通中，表达不充分的后果经常要由自己来承担。因此，若使工作效率发挥到极致，就要让为你工作的人知道一切必要的信息。"这点对于企业的管理者也很重要，把重点信息向下属完全表达，是提高企业执行力的重要一步。

目的必须充分说明

我发现有些人说话时喜欢拐弯抹角——这不是个别案例，而是非常普遍的情形。对方听你讲了半天，也没听明白你到底希望他做什么。这就是"**目的不明**"。其中不少人故意不挑明话题，不讲明用意，让对方去猜，以突显自己的"精明"，或展示自己的地位，以此威压对方。这是非常愚蠢的思维，而且这么做的后果也是非常严重的，特别是在上下级或者与客户之间。

安徽的秦先生是一家建筑公司的董事长，公司的业务遍布中国的北方地区，从河南到河北，再到辽宁、黑龙江，都有他的施工队伍。秦先生的目标是未来10年内，让公司成为行业内民营企业的龙头老大，甚至还有向建材生产领域进发的雄心。但他万万没想到，仅仅因为自己有一句话没说清楚，就差点酿成大祸。

事后，他惊魂未定地说："分公司的经理向我汇报桥梁施工的事情，问我有什么指示，我随口说了一句：'要注意节约成本'。还有一句我没说出口，就是'还要保证质量'。结果分公司经理就听进心里了，跑到工地上压缩成本，甚至偷工减料。幸亏我几天后就从另一名下属那里得知了此事，否则后果不堪设想。"

秦先生不知道，自己作为老板，他的一言一行都会影响下属的行动方向，特别是他的每句指示都会被视作"老板的目的"，然后不折不扣地执行下去。因此，当你需要在沟通中讲明工作的目的时，必须毫不保留地说出内心全部的真实想法，以免下属误解。

以清晰的思路说出你的"目的"，告诉对方你希望他做什么。在沟通中我们必须目的明确，同时要用清晰的思路和语言把目的说出来，告知对方。在表达时，还要注意表达的方式。应该采取温和、简洁、明确的方式，重要的是语言不能有歧义。

如有必要，你必须对"为什么要做这件事"的原因进行解释。面对不同的人（员工和客户），你有必要对所传递信息的背景、依据、理由等进行解释，务必使对方完全清楚和理解。比如你要给下属分配一项重要的工作，那么就要对这项工作进行全面的分析，告诉他们为什么要达到这个目的，以及为什么需要这么做，从而增强下属的认同感和执行效率。

控制你的反应速度

你在沟通中能否体谅他人，采取温和的"沟通反应"，决定了你的情商水平和沟通思维的层次。也就是说，在沟通时你的反应要稍微"慢一点"，别急着开口，也不要企图迅速得到理解，然后支配对方。你要控制自己的反应速度，降低姿态，在同理心的基础上与他人沟通，再结合对方实际的工作能力，那么你就能和他人之间建立一条很重要的**信息交换途径**。

怎么当好一名优秀的"倾听者"

不要"假装在听"

很多人是"**擅长倾听的演员**"，他们演技高超，看上去好像在认真地在听你讲述，偶尔也会点头表示理解，但实际上完全没有注意到你在说什么。我见过不少企业家都以这种方式应付沟通——他假装在听，其实是在思考其他毫无关联的事情。他对于别人说什么并不关心，也没有听进去，而是一直在计划如何说服对方。这种层次的倾听是冷漠的，通常也是无效的。结果必然是既说服不了对方，又伤害了双方的关系，导致冲突的发生。

不要"只听不问"

还有些人的确拿出了倾听的诚意，准备为后面的沟通打好基础。他性格温和，很有耐心，愿意听别人把话说完，但他的倾听只针对"表面的词意"，没有观察和揣摩讲述者的语调、表情、肢体动作、眼神所包含的其他意思。简言之，他缺乏心灵层面的倾听与交流。虽然他不断地点头同意，认可对方的观点，但很多问题其实被掩盖了——对方以为你听懂了，实则你只是"刚开始尝试理解"。有大量的老板和下属、企业家和客户的误解都是由此引发的，你在沟通时反应过快——让对方误以为已经理解，埋下了日后矛盾的种子。

在倾听时"感同身受"

优秀的倾听者擅长在沟通中开启彼此的情感交流——他可以在说话者的信息中敏锐地寻找和定位自己感兴趣的部分，以此为突破点获取更有深度的信息，和对方展开主动的交流。为了达到这个目的，你要十分清楚自己的个人喜好和态度，更好地避免对方的表态是试探还是最终的建议。你要避免自己过早地做出武断的评价或是把沟通变成争吵，因此不能急于表态，而是去体会对方的情感，尝试交换位置，设身处地看待问题。在这个过程中，你要更多地采取询问的方式而不是点头或摇头。

放弃"结果思维"，不要急于求得理解

沟通就是为了获得一个有利于自己的结果吗？听起来是的，但不能

过于赤裸和直接。有利于你的东西可能会伤害对方，至少别人是这么认为的。你需要实现双赢或多赢，而实现的基础就是理解——去理解对方的诉求，暂时掩盖自己的目的，当你们能够找到一个都可以接受的方案时，你的目的也就实现了。

优先理解对方的需求，而不是急于实现自己的目的。 认真倾听是实现理解的第一步，也是探知对方"底牌"的必经之路。也许对方一开始就激烈地指责你，他控诉你的某些做法。你对此并不认同，但必须克制自己反驳的冲动，冷静地问问自己："**他的需求是什么？我们之间有交集吗**？"如果你在沟通中始终以"结果思维"为导向，围绕自己的目的做文章，势必会让沟通走进死胡同。你不理解他，他怎么会理解你呢？要高效地得到自己想的东西，就得高效地展示自己的胸怀，接纳对方的目标。

知道别人"想什么"，还要理解他"为何这么想"。 简单地说，这就是"同理心"。这是一种对企业家和任何沟通者均很重要的本领。你不仅要意识到别人在想什么，想要什么，而且要深深地理解别人"为什么这样想"以及"为什么想这么做"。这能助你化解双方的纠纷，降低冲突的强度，把很大的矛盾化解成一件微不足道的小事。

美国一家航空公司的总裁在一次商业论坛中对我说："就像处理顾客的投诉，经理应该首先让乘客知道航空公司对他的心情十分理解并深有体会。安慰乘客不是目的，满足乘客的需求并解决问题才是目的。"现实中，许多航空公司在航班延误时的处理手段都没有收到效果，就是因为他们没有真正理解乘客的需求，并且用自己的行为告诉乘客"自己并不理解"，于是矛盾就不可避免地激化了。

任何时候都应提供安全感

我们在企业的内部沟通还有一个不可忽视的功能：为团队成员提供心理层面的安全感。你要知道，在世界上最好的企业中，员工仍会察觉到自己的"**不安全**"——激烈的竞争会不会让我有朝一日突然丢掉工作？企业对我的未来有什么安排？这是每个人都非常关心的问题，而你的任务就是明确地告知他们你和企业的想法，引导员工长期为企业作出贡献。

"**安全感**"包括四个部分：

——身体的安全：工作环境的安全度及对身体健康的影响。

——组织制度的信赖度：公司的各项制度是否公平和公正，能否保障我的各项正当权益。

——足够的培训和机会：有没有机会提升自己的工作能力，以及内部的晋升通道是否顺畅。

——心理的安全：在这里工作，我的心情是否舒畅，有没有精神上的归属感。

这些不同部分的安全感，正是企业家和部门的主管人员要给员工营造的感觉。没有这些安全感，员工就很难长期忠诚于一家企业，更难以笼络人心。如果一个人在你的企业中能够享受到优厚的福利、薪酬并且有大量的成长机会，不用你特别做什么，他就会产生足够强的归属感。**当你拥有很多这样的员工并用沟通安抚他们的人心时，团队就具备了非常强大的凝聚力。**

你这儿有没有"前途安全感"

我们需要将企业的**"员工流失率"**控制在一个较低的水平，保证员工在心理层面的安全感——"公司不会轻易开除我，因此只要我努力工作，我在这里就是安全的！"缺乏安全感会导致人才的流失，特别是当他感觉在这里没有足够的前途保障，缺乏上升空间时。虽然没有人愿意随随便便地换工作，但如果你没有给他充足的事业上升机会，并且平时的沟通也有问题，他就会考虑离开这儿。面对这种情况，你就必须安抚他们的情绪了。最重要的，是你要告诉他们"公司为其准备的职业发展计划"。

微软中国公司技术部门的一位"技术大牛"王先生工近日向部门主管提出了辞职的请求，而他的辞职理由让主管备感吃惊。

"虽然我在微软公司能够享受到副总裁的待遇，但我还是决定辞职。"王先生认真地说。

"这是为什么呢？如此高的薪水仍然留不住你？我很想知道原因。"

"说出来您别笑话我，"王先生苦笑着说，"我在微软干了5年多，技术上没问题，业绩也很好，当然公司的福利待遇也很让人满意，可就是这职位让我很没面子。"

"职位不就是个称号吗？拿到实实在在的高收入才是正经事嘛，难道你对这么高的收入还有不满？"主管非常不解。

王先生叹口气说："上个月我和妻子去参加老同学的婚礼，期间遇到了很多旧友。大家都在兴致勃勃地分发名片，我接了满满的一沓，所有人都是经理、总经理、总监、副总裁之类，而我的名片上却是普通的软件工程师，要知道在人们的传统观念中都瞧不起写代码的。这件事也许很小，但没有一个体面的职位，这让我的妻子也感觉很没面子。所以我仔细考虑了，也许继续留在微软，我的上升空间会很有限。最后，我特别向您声明一下，这不是钱的问题，是我对前途的综合考虑。"

部门主管并没有当场答应王先生的辞职，而是留下了他的辞职信，让他再回去考虑考虑。王先生虽然年龄不大，但他技术过硬，是一个不可多得的人才，没有哪一位老总愿意放走这样的人才。而且近年来微软人才流失严重，如果不是福利待遇的问题，那可能就是员工在"职业前途"上产生了担忧。为此，该技术部门的主管决定联合人力资源部门做一个内部的"职业发展调查"。

结果很快出来了，对于这样的结果他并不感到意外，同时对部门的未来深感忧虑：在技术部门以及工程部门，超过80%的员工都把升职作为职业发展的目标，他们希望自己能一直升职，成为更大的主管人员，只有不到12%的雇员愿意一直从事技术工作。与外界对微软的传统理解相比，调查结果是颠覆性的。

对于王先生提出的"**只有加薪没有升职**"的辞职理由，这位主管经理选择了另外一种处理方式——用沟通排解他对于职业前途的忧虑。为了给技术员工提供职业的安全感，他和人力资源部门想到了一个升职之外的办法——精神鼓励和创新激励。他知道，单纯的升职并不能打消技术人员的顾虑，要解决根本性的问题，就必须让人们意识到自己的工作是非常重要的——是公司的"无冕之王"，是微软的财富。

第一，加强技术人员的互相沟通。技术部门从微软总部请来那些资深的软件工程师，让他们在分公司的不同部门开讲座，与同行分享自己的技术开发经验，为各级的技术员讲述开发的乐趣，互相交流心得。

第二，强化微软特有的技术传承制度。比如，由老员工来带新员工，构成"一老一新"的工作组合，由资深工程师为新来的技术人员提供指导和培训。经过一段时间后，新员工在工作理念、价值观等层面便很好地融入了微软的技术文化。

第三，技术创新与"以技术驱动为主的团队文化"。在内部把技术人员的重要性放到了前所未有的高度上。定期举行一些技术创新的比赛，普通的技术员工有机会被介绍给经验丰富的高级技术员或者专家。通过他们的帮助，这些技术人员的想法就可能被采纳，成为可实现的项目方案。同时，着力打造以技术人员为核心的团队文化，强调技术研发对于微软的重要性，让工程师们意识到自己在公司是处于中心位置的。

从这三个步骤入手，该分公司举行了一系列的沟通座谈会。部门主管和王先生这样的技术人员挨个谈心，告诉他们公司的团队管理理念和技术对于微软的重要性："这不是职称能够体现的。"话虽这么说，微软中国公司仍然在职位和名称上进行了一定的调整，比如增加了技术经理的职位。如此一来，这些技术开发人员的职业发展目光就不会局限在升职上，而是会换一种思路，更加用心地开发和提高自己的技术能力。

不管有没有错误，员工都应该是"安全"的

现在很多管理者都不愿意承担下属所犯的错误，其实这种想法或者做法是不对的。优秀的企业家和部门主管人员能够心甘情愿地去承担下属的过错与缺点——就像家长保护自己的孩子一样。在不伤害企业管理制度的公正性的前提下，这么做会为员工带来无与伦比的安全感，让他们知道自己不管有没有错误，都会是安全的，并相信你一定会公正地对待他们。假如你只会将责任推卸给下属，随随便便就拿他们替自己遮风挡雨，那么你的企业环境就是"危险"的，员工会纷纷逃离。

每个员工都有"基本人权"——即使CEO也不能侵犯

员工都有哪些"基本人权"？

第一，他有因为自己的付出获得相应报酬与基本福利待遇的权利，并处在法律的保护之下，任何人都不能剥夺；

第二，他有受到人格尊重及"工作时间"之外不能受到人身限制的权利，任何管理者都不能侵犯，包括企业的最高领导者；

第三，他有获知企业的历史、荣誉、文化背景、价值观及管理制度和未来前景的权利，管理者有义务告知；

第四，他有明确了解自己的工作职责、工作流程及请求同事工作协助的权利，管理者也应该给予满足。

没有这项"基本人权"的满足，员工在企业中就很难找到安全感。这种满足应该从他入职的当天开始，作为企业的领导者，或者说作为一名有洞察力和愿意改变的人，你首先要做的就是为满足员工的这些基本权利提供所有必要的协助。

在这里，我还要强调的一个方面是，你的任务是让自己成为团队工作的组织者、协调者以及安全环境的"保护人"；你要站在外围为员工遮风挡雨，保护他们的权利不受侵害。就像罗杰斯说的："**我认为伟大的企业家应该设立团队宪章，并成为它忠实的执行者。**"不仅如此，你还应通过反复的沟通与灌输，让这一文化成为团队的共识。

以"工作标准"的方式去沟通——树立不受干扰的责任体制

如果企业的"责任体制"掌握在管理者一人之手，或者时常受到个人意志的干扰，缺乏监督，那么每名员工都会觉得自己是危险的——"当企业出现问题时，我会不会成为老板的替罪羊？"他们感觉自己随时会被"揪出来"，扔到祭坛上被上司大卸八块。

为了避免这种局面，你要做好目标管理，设定统一的"工作标准"。这意味着团队的沟通拥有了标准语言，员工不用再费尽心机地猜测上司的意图，他们只需按照标准行事即可。有了这个标准，错误发生后就可以不受干扰地追究责任。此时，员工的内心是安全的，他们会知道自己做了什么，有没有违反规定。

"工作标准"需要与员工沟通的内容：

——工作对执行者的定位、要求和期许；

——工作如何进展和流程规定；

——工作需要达成什么结果；

——工作有什么具体的要求；

——工作做好了会怎么样，做坏了会受到什么惩罚；

——激励政策及考核标准。

这些详细的规定能够让员工拥有一本执行手册，让他们知道如何做好工作，以及怎样在错误发生时善后。当他们需要写一份工作汇报时，也能找到参考依据，用公司规定的"语言"向老板讲述自己的看法。

尊重和信任并不难做到——你需要人性化的制度

有一家德国企业在中国有分公司，总部从德国派来了新的分公司CEO博西格先生。博西格来了以后，发现很多对员工的工资扣罚都跟公司的规定不符，比如有些员工因为迟到被罚掉了很多钱，但又找不到相应的规定。他就把人事总监叫过来："有哪一条法律规定员工迟到必须罚款吗？"人事总监说没有。博西格马上做出新的规定，所有对员工的罚款，违背当地法律和总部制度的全部去除，扣掉的钱要还给员工。

但是，这并不意味着员工可以随便迟到而不受处罚。博西格的看法是，员工加入本公司后，他是知悉公司的各项管理规定的，并且对于上下班的时间这些明文规定也代表了一种认可。那么在这种认可的情况下仍然迟到，意味着他违背了自己入职时的承诺。所以，不能置之不理，但也不能上来就罚钱。

于是，博西格就给公司所有的管理人员发邮件，告诉他们，当员工第一次迟到时，由人事部门和该员工的上司共同跟他谈话，以后每迟到一次，谈话的级别就增加一次，最终当需要博西格亲自出来谈话时，那就是该名员工的最后一次机会。如果他还是继续迟到，就把他解雇。但是绝不罚款，也不在公司内部公开。

博西格的做法体现了对员工的尊重和信任，对制度的执行也有"人性化"的味道。错误可以犯，初犯者也是安全的，但终归要受到处罚——如果不思悔改继续违反。在处理和纠正错误的过程中，他主张对员工要给予正能量，用鼓励和支持的方式帮助他们成长，而不是一上来就挥舞大棒，攻击他们，甚至让他们立刻为错误买单。这就是安全感的塑造，时间长了公司便形成一种互相尊重的文化，员工遵守制度的自觉性也将大大增强。

如果你折腾员工——员工就会"折腾公司"

钱伯斯说："思科永远尊重员工。我们知道'不尊重员工'的公司无法成长，尊重既体现在赋予伟大的责任，也表现在团结一致。"团结的基础是"不折腾"，是给予员工信任和融入公司的时间，而不是对他呼来唤去。

有的老板对下属特别没有耐心，招进一个人来放到一个岗位上，就用放大镜看着他的工作成绩，两个月不见成效就想换人，或者想把他调到其他地方去试试。这无疑让员工没有安全感，他刚刚适应了岗位的要求，还没开始做出成效，就要到一个新环境中重新适应。这是很大的精神负担，员工也很难产生归属感。

除此之外，你也不能折腾员工的"阶段性目标"——当你作出一个决策并让员工开始执行后，你自己就该对决策负责，支持员工继续执行下去，直到见到效果，而不是三番五次调整员工的方向。没有谁能经得起这种"调整"，如果你总这样折腾他们，他们也会反过来折腾公司——受到损害的是企业的成长。

用沟通鼓励"开放性"的人际关系

内部"开放性"的员工关系能够让所有人都感到安全，重要的是快乐与成长性，就像学校或家的感觉。企业管理者有义务和责任协助他们形成这种关系，建立良性的互动。作为企业的带头人，你要起到榜样作用，和下属"打成一片"，来传递管理者层面的正能量，促进员工彼此关系的融洽。比如，你可以为员工提供内部的轮岗机会，提高他们参与企业各个层面建设的积极性，对员工的互动交流不要打压，更不要抱怨。因为强有力的示范效应，你的一举一动都是非常重要的。

"人才流失率"经常和人际关系的好坏息息相关。优秀的人才为何经常流失？骨干成员的跳槽率为何居高不下？一般而言，你会考虑是不是"钱途"的问题，但很多时候，它只是一个"氛围问题"。人才在你这里交不到朋友，没有可沟通的对象，时间久了就想离开。团队人际关系的好坏往往决定了"人才流失率"的高低，你必须时常跟他们沟通，找他们谈心，促进员工之间的情感交流。你要充当一根绳索，把每个人串联起来，让他们在你这里感受到关心与友爱。

当然，只有关心还远远不够，你还必须尽一切所能帮其融入团队。

沟通就像车轴的润滑剂，可以减少摩擦。为了尽可能创造安全的环境，挽留优秀的人才，你要尽可能地帮助他们解决工作和生活中所遇到的难题。这要求企业家都必须对下属展示自己的关切之心，化解他们遇到的问题，例如工作条件、生活环境或同事间的矛盾等，解除他们的后顾之忧。

定期整合人际关系与客户资源

2007年，公司的资金周转不开，我开口向朋友借钱，朋友爽快地答应了，第二天就把钱打到了账上；2012年，我想重仓投资某一只股票，对它做了一些了解，但信息掌握得并不是太全面，就向一位关系很好的金融专家请教，他很快就把自己搜集到的资料与分析传给了我；去年，我在国内遇到了一位很重要的客户，可互相不太熟悉，于是就请了一位双方都熟悉的朋友过来，很快双方加深了关系，顺利地完成了合作。

这些事情说明了什么？说明了人际关系与彼此间的沟通是多么重要。现在是一个全球沟通的时代，谁懂得去和自己的人脉沟通，谁就能获得最有价值的信息，并把这些信息体现为实实在在的价值。韦尔奇说："取得优异成绩的企业家到处都有朋友，他们就像在坐电梯；反之则如同攀爬楼梯，付出很多收获却很少。"能不能整合好自己的人际关系与客户资源，决定了你能否聚拢人心，这也是精英思维与大众思维的根本区别之一。

你和朋友沟通的"深度"，决定了你的资源"厚度"

我在为来自不同企业的管理者上课时，都会让他们做一道关于"人脉整合"的作业："请写下你身边资源最丰富的10个重要的人。"旧金山一家科技公司的总裁彼得说："很简单呀，这样的人我能写出100个！"我说："如果他们不认识你，你写一万个也没用；如果你和他们没有一定的交情，写出来的意义也不大。交情好到什么程度？至少可以把他们约出来喝一杯咖啡。当你把这些人的名字列在名单上后，你再想一想自己有什么资本能够打动说服他们。"

当你认真地思考这个问题，认识到它的重要性时，你会发现这10个人一定是"不简单"的。他们是相对比较成功的人士，是各个领域的精英，并且都有一个特点——他们拥有成功的思维方式，且有许多资源可以利用，而你一直忽视了他们，让他们的名字在自己的通讯录中沉睡。

就像我告诫彼得的，整合人际资源不是随便把一个不重要的人从名单上剔除，也不是把一个掌握大把资源的人写上去，而是一种对现有信息的分类分析和优化利用。因此，你要先明确几个问题：

你要什么?（目的）

你有什么?（条件）

你缺什么?（资源）

一般来说，我们对自己缺乏的东西都有清晰的定位。有的人缺资金，有的人缺团队，还有的人缺技术或者渠道。但我认为所有你缺乏的东西，到最后都可以定位为一个"沟通问题"——你有一些好的资源，但没有与他们形成有效的沟通，因此永远整合不到一起。你和这些人沟通的深度，整合的力度，决定了你能不能解决自己面临的问题。

要懂得让自己站到巨人的肩膀上

我们知道，微软公司是这个世界上最成功的IT企业，它的创始人比尔·盖茨曾经多次登上世界首富的宝座。但微软的成功从来不是单打独斗，任何一个成功的企业都是如此，像西门子、松下、阿里巴巴、思科还有华为，它们的创始人还有执行官都是擅长沟通、整合资源并且习惯借力的卓越领袖。

比如，微软的成功源于与IBM的"合伙"——为它提供了崛起的第一桶金。IBM就像是巨人的肩膀，而比尔·盖茨恰好从一开始就站在了上面，起点已经高出了其他公司。他在起步阶段没有拒绝强者的介入与帮扶，并且巧妙地表达了自己的商业思想，把强者的力量转化为自己的成长动力。

人际关系与客户资源的整合在本质上属于"**人心策略**"的一部分，不怕你意识到太晚，就怕你的手中什么资源都没有，在所有的环节你都不具备优势，那么根本就谈不上找到正确的发展方向。

在中国内地，有一家专门提供各种农业资讯的地方广播电台，由于听众少之又少，所以电台根本不赚钱，甚至每年都在赔钱运营。这个广播电台在创建之初预期的年盈利应该是一千万，因为他们手里拥有数千万农业用户的资料。这一千万的盈利还只是保守估计，但执行起来后却是大相径庭。原因有很多，其中很重要的一条是他们作为一个新的平台，虽然资讯很多，但知道它的人实在太少了，宣传起来成本太大。所以，先后上任的几个台长都未能解决发展的实际问题，电台就这么不温不火地处在将要关闭的边缘。

后来，台里来了一个非常有经验的王主任，他一上岗就开始着手整合资源，筹划怎么能让这些资源以最小的成本转起来。经过一个多星期的了解，他发现台里其实并不缺乏优质资源，因为手里有上千万的农业用户，这些用户就是赢利的关键。现在的问题还是老问题，如何能让用户知道他们这个平台？怎样去说服人们都到这里做广告，利用电台的渠道做生意？

王主任心想，做宣传的第一个办法就是印传单，最起码要发行几十万份，而印刷费粗算下就需要十几万。怎么能不花钱就把传单印出来呢？他想到了那些对农业用户更有兴趣的商户，比如卖种子、农药、化肥等商家——他们的产品更需要宣传和推销。于是，王主任让业务员迅速去联系这些商家，告诉商家台里可以帮助他们进行宣传，在传单上印上商户的广告信息，商户们只需要出印传单的资金就可以了。并且，他还和商户们商定好，在今后销售的每一袋种子、化肥等的包装袋上都要印上他们广播电台的广告，而且台里会定时定期地为他们做宣传广告。这样一来，广播电台一分钱未出，自己的平台就进入了千家万户。可以说，王主任以一种成功的沟通说服了农户和商家，为电台找到了发展的方向。

整合资源不仅会让你手中的资源更加清晰，而且会让你的筹码产生叠加倍增的价值。应用到谈判当中就是：**"我的价值对你有什么价值？"** 当你进行谈判资源整合的时候，有三个问题必须要回答：

你能提供什么？你对别人的价值在什么地方？

也就是说，你必须明白自己有哪一些资源是别人需要的，而不仅是开口向人索求帮助。一个很重要的沟通原则就是"**提供己有，换来己无**"。你可能有一个雄心勃勃的计划，试图像索罗斯、扎克伯格那样做成一些大事业，但你总要拿出足够的资本，才能和人进行交换。更重要的是，你要让人看到可以帮助对方的地方。

你有没有沟通和配合意识？你在30岁时还是独行侠吗？

这个世界上只有团队可以做出成绩，因此沟通才是如此重要。没有哪个人可以凭借个人天才创造一个时代，就是乔布斯也不能，他也需要苹果公司优秀的技术团队的支持。要想改变世界，就先改变自己，提升沟通和说服力，并主动学会与人配合。因此，你必须告别独行侠的日子——假如到30岁时你还信奉个人英雄主义，就很难取得任何成功了。

你和别人联合起来能做什么？共同利益在哪儿？

你要有一份理性而长远的目标，让别人得知你的"计划价值"，找到共同点和利益的交集。这是联合的基础，否则没人会为你提供资金和其他资源，也不会有人在乎你到底想什么。通过有效的沟通，列出自己的计划，讲明共同关心的部分，那么就很少有人会拒绝你。你最后能否完成计划，取决于你沟通和整合的结果。

如果有机会垄断，就不要和别人分享

资源整合的最高境界是"**资源的统一**"，当一个人达到这个目的后，他必然走向了一条垄断的道路。就像洛克菲勒与卡内基的"垄断竞争"，他们互相不停地沟通，试图说服对方按照自己的商业模式一起发展，但两位强者均拒绝了对方的提议，采取的都是整合掉对方的思路。洛克菲勒与卡内基都是产业大王，是举世闻名的慈善家，但他们从不忌讳的是自己对客户、对竞争对手的态度——沟通可以，你必须服从于我。所以，当有机会形成垄断时，他们是毫不客气的。

如果你了解谷歌公司的成长历史也会发现，这位硅谷巨擘的成长并非单纯依靠技术和商业手段。它从一家小小的车库公司，从创建到壮大，从不起眼到占据统治地位，整整经历了二十年，其隐藏的巨大秘密就是整合与垄断。垄断并非阻止别人赚钱，而是说服所有的相关资源都聚合到自己的系统中，让自己可以赚更多的钱。现在你可以看到，谷歌公司的垄断，已经形成了一条盘根错节的生态链，一个从下到上的层级系统。

据调查显示，谷歌在美国搜索引擎市场的份额占到了60%以上，其搜索广告的收入已达到了将近80%，在一些网站、企业、广告商以及某些机构的年收入总额中，光是来自谷歌的收益就占到了将近45%。放眼全球，众多能够进入搜索结果排行榜的知名网站都要依赖于谷歌的"帮助"，由此可见，谷歌为其提供的机会是让他们始终无法舍弃的。

最厉害的垄断是对"行业标准"的统一

《从0到1》的作者彼得·蒂尔说："**垄断是对创新的一种奖赏。**"这说明垄断的类型并不是唯一的，因为创新思维极大地改变了今天的行业组织结构。重要的是，高明的垄断者不但说服了同行，而且用新的标准统一了同行。

不断地创新，直到每个人都按你提供的路径"思考"

谷歌式的垄断为未来的创业者提供了一个新的标准——我们未必一定按照"行业聚合"的实体模式去整合资源，还可以为全世界创造一种新的商业模式。这是资源整合的至高境界，就像乔布斯一样。他用创新去沟通，用技术的发明去说服人心，从而为苹果公司打造了一个无可撼动的科技帝国。重要的是，他创造了一种新的思维方式，引导了未来的产品设计潮流，从而赢得了广泛的人心。

CHAPTER SEVEN
"做正确的事"
与"正确地做事"

◆ 只关注少数重大目标

◆ 5S 环境管理法

◆ 控制争论就是在减少损失

◆ 以结果为导向

节省时间与提高效能的秘诀是什么？怎么才能做"正确的事"和"正确地做事"？怎样分辨两者的区别？如何用最低的投入获得最大的回报？优秀人物都懂得如何高效地思考和行动，任何时候都不会把时间浪费在没有价值的地方。

不要在没有意义的事情上浪费时间

企业管理者的日常工作充斥着各种琐事，无数的文件摆在案头，但可能只有少数工作是重要的，多数则是次要的。这是一个人人皆知的道理。对于高效的管理者来说，首先应该做那些重要的工作，这也毫无疑问——我们要把最多的时间用到最重要的事情上，才能获取高效的行动。

那么次要的工作呢？"次要的工作放到最后面去做。"在我的课堂和研讨班上，大多数人的回答如出一辙，大家都觉得所有的工作都是不可或缺的，区别在于处理它们的顺序。但这恰恰是绝大多数人一直存在的误区。他们以为所有自己管辖范围内的工作都要做，无论大事小事都要列在自己的计划内。因此，他们才会像救火队员一样忙得上蹿下跳。

正确的答案是什么呢？很显然，大部分"次要的事情"并不需要我们进行思考，它们应该被踢出你的工作范围。简而言之，有些工作你根本不需要去处理。

"做正确的事"和"正确地做事"

传统的管理哲学都在叮嘱管理者必须区分"重点"和"非重点"，并且警告管理者要做"重要的事"，因为琐事和不重要的事会吞噬你的时间。但除了"重要的工作"，我认为管理中还有一个关键点也是应该被拿出来讨论的，那就是"做正确的事"和"正确地做事"。

这些年来，我一直对企业家的效率差距进行调查和研究："拥有同等资源和条件的企业家为何在短短的5年中就产生了相当大的差距？"在我们定期举行的主题研讨课上，人们为此议论纷纷，始终难有定论。**多数人把企业家的差距定义为天赋、行业或地区政策导致的结果**，他们认为强迫区分企业家的"效率层次"是不客观的，没有尊重他们在实际管理中的付出。可实际上，把时间浪费在没有意义的工作上的管理者四处可见。

我们在追求管理效率的过程中，不能迫切地要求管理方法必须"一针见效"，有时候保持一种信徒式的坚持和毅力更为重要。在实现高效行动的路上，你必然会遇到这样那样的问题。但如果你的目标太多，要管理的问题复杂而没有统一性，到头来就是所有的事情都浅尝辄止，然后半途而废，到最后必然白忙一场。

放到实践当中，"高效管理"为什么会如此难以执行呢？其中一点可能是与一些国家或地区的企业家长期形成的某些根深蒂固的认识有关。在企业组织的日常活动和管理中，仍然有很多领导层的人相信"忙碌"就是认真负责，"气氛紧张"就是充满活力，"活多"则表示人人都有事干，显示企业的管理运行很有效率。

但这真的正确吗？答案截然相反，那些停不下来的"匆匆脚步"恰恰说明了企业组织的运行无序以及管理效率的低下。

不过，还有一个我们无法回避的原因——管理工作中仍然有很多我们不得不处理的琐事——尽管它们并不在重要工作的范畴，而且还是一些"见怪不怪"的小事情。不得不说，想要把这些难以脱手的"表象重点"彻底消除有不小的困难，但每个管理者都应竭尽所能，尽量地减少它的影响。高效管理者并非不受这些琐事的缠扰，他们也无法摆脱，只不过他们能够以最高的效率和最小的精力把它们处理好。

你也可以做到，比如把处理小事的时间放到自己精力最无法集中的时段，像下班前的一个小时，午餐或者晚餐的时间，下午一两点钟最困的时候。这样你就能把其余的时间足量地投入到重要事情中去。

就目前来看，我所接触到的高效人士，他们在提到自己的效率时，通常不会提及自己完成了多少工作量，而是衡量自己的目标业绩。我们的业绩是怎么得来的？业绩与日常工作活动没有任何关系，能使其产生结果的只有你平日里最关注的那些少数重要目标。把这些重要目标实现，你就能够"做正确的事"并且"正确做事"了。

看穿本质，只关注少数"重大目标"

"成功人士"也并不轻松，尽管他们的重点目标少之又少——企业家通过授权已摆脱了多数工作的压力，但这并非意味着他们可以慵懒地四处打球逍遥。目标的削减只是范围缩小了，压力和责任却因为这压缩的日标而变得更巨大。每一个高效能人士都是如此，他们只关注那些具有重大意义的事件，每成功地完成一个，个人能力的发展就会再上一个更高的层次，这是一种自我实现的目标激励手段。

这种只关注"重大目标"的原则听起来有点抽象，但其实它是很具体的。只不过，在日常工作中你不会短期见到迅猛增长的成绩，但在年度目标里你就会发现它的成效——**重大目标带给我们的红利总是姗姗来迟**。

为什么高效能的成功人士少之又少，而大多数人只能平庸地碌碌无为呢？这是因为大多数人都在完成着那些"多数而不重要的目标"。大量繁杂却又极其占据精力的事件充斥在日常工作中，根本没有闲暇关注自己的目标发展，且无法及时地展示劳动成果。他们只是在关注我是否"做完了"，却很少自问："这重要吗？"这类人不管是生活还是工作，都像没有生气的机械一样，缺乏激励，日复一日，很难突破环境及自身的局限。

针对此类现象，你要如何才能打破效率低下的怪圈？

很多人试图通过短期的员工培训和提供突击性的"职业发展项目"来解决，但并没有多少卓然的成效。**效率不是靠突击实现的**，它隐含的是人们高效思维的成果，而且是长期性的。我们对待自己和普通员工都要运用"重大目标"的激励原则，让长期目标和工作任务来指导员工的成长，而非短期效益的诱惑。你要让目标的完成和业绩的达标来监督员工的行为和工作进程，而非死板的规章制度和上级的两只眼睛。

当你给予自己和员工一定的时间自由度时，针对目标的分类和聪明的自主选择就出现了。也许短期内看不到实质性的效果，但到年终总结的时候你会发现，今年的年度目标很可能已经超额完成。

把"失去价值"的东西迅速丢弃

我们在制订工作目标的时候习惯于这样的逻辑方式：我要做什么？我应该做什么？但具备较强应变思维的人却会反其道而行之，他们会反过来思考：

——我不要做什么？（不符合我的目标，因此不能做）

——我不该做什么？（现实条件的局限，因此不能做）

这是我要说的"**高效思考**"原则，把那些"失去价值"的事务从你的清单里面删除，毫不怜惜地扔进垃圾箱。这是一项必要且价值巨大的"**垃圾清理**"工作，你必须要耐下心来好好地统筹规划自己的工作任务，并把那些习惯了却没有意义的项目清理掉。不然，这些"垃圾"会在你的工作中不断堆积，悄无声息并毫不留情地降低你的工作效率，占据其他项目的时间。

在这些年的管理课程中，我总会鼓励学员立刻停止那些没有价值的事情，这些事情可能是在你的习惯中根深蒂固的，是你每天反复不停做的。基于人的思维和行为惯性，要立刻停下来确实有困难，但为了组织工作更加高效，每个人都要花点工夫去努力达成。

最后，要想彻底去除没有价值的工作，不能仅仅停留在口头上。你要把相关的计划写下来，每天强迫自己按照新的计划去做。不要偷懒，更不能放纵自己回到原来习惯的轨道上去，否则，你的一切努力都有可能白费。

创造一个"高效率环境"

环境不但决定人，它还同化人。高效的环境训练出高效的行动家，低效的环境则只能培育出无所事事的懒蛋。在一间拥有优良工作环境和积极氛围的办公室中，一群能力素质很高的工作伙伴，大家聚集在一起会安静地投入工作，精神高度集中，工作的效率自然就高。反之，一个人人都在高声讲话，随便聊天说笑的环境，再加上一群缺乏自制力的同事，工作效率能好到哪儿去呢？就算你不参与其中，情绪也会受到其他人的影响而无心专注于自己的工作。

5S环境管理法

在现代企业管理中，有一个非常著名的**"5S现场管理法"**。5S的含义包括整理（SEIRI）、整顿（SEITON）、清扫（SEISOU）、清洁（SEIKETSU）和素养（SHITSUKE），因此它又被称为"五常法则"。5S现场管理法最早应用于生产现场的管理，起源于日本的丰田公司，主要管理对象就是生产现场的工作人员、生产材料、工作方法和机器的运行等。说白了，就是用一套系统高效的方式来模式化生产过程，使产品的品质管理得到基础的保障。正是因为这种有序高效的管理方法，才使得日本在二战之后的工业生产量大幅度增加，工业品质得以更快地发展提升，低品质产品大大减少。

后来，在丰田公司的大力推广下，日本的很多企业都把5S管理法则运用到了实际管理工作中。逐渐地，这套管理法得到了越来越多的国家的认可，更多的亚洲乃至欧美国家的企业也纷纷采用5S管理方法来管理工作环境，提高生产效率。

2008年，我曾经受邀到访丰田公司在奈良的一家分公司，在管理部主管滕间辉先生的带领下参观了他们的生产车间。不得不说，丰田各部门的工作环境都给了我非常大的震撼——无论是场内的设备摆放，还是场外的绿化环境每一处物品的摆放都井井有条，员工们像工蜂一样步调忙碌但又紧张有序，工作态度非常专注和严谨。

你会看到员工像训练有素的士兵一样往返于自己的工作岗位，货物也随着他们的移动有序地挪来挪去，每个人都活动于自己的范围，却又不妨碍其他人。我惊讶地询问引领我参观的滕间辉："在没有主管人员现场引导的情况下，怎么会如此有序呢？就像有电脑控制一样！"

滕间辉笑着回答："这是因为每个人的大脑中都有一台电脑！只不过都是按照公司设定好的程序自我运行和控制，员工们按部就班互相协作，整体的效率就能获得最大限度的保障。"

除了员工的井然有序，令我惊讶的还有丰田公司的工作环境，不论是生产车间还是办公场所，从设备间到搬运间，包括仓储间的墙壁都洁净亮丽！我连连称赞："真是不可思议。"丰田公司给我留下了非常好的印象，以至于后来在洛杉矶开展的培训课程中，我们决定加入大量的丰田员工的案例，并请他们的代表到美国现身说法。

滕间辉谦恭地说："这是丰田的基本要求，规范整洁的员工和整齐洁净的环境不仅会提高生产效率，还能大幅降低企业的损耗和浪费，这只是一项基础工程。"

在后来的课程中，我不止一次地把在丰田公司的参观经历讲述给研讨班的同事和学员，这也使我更加深刻地体会到：营造良好的工作环境，不是靠制订多少规章制度，找几个高素质的保洁人员，对员工有多么强的约束以及添加多少套舒适的设备就够了。更大程度上，我们缺乏的是一套先进的管理理念和管理方法。甚至说，全世界的企业都普遍缺乏一种办公室的"整洁文化"。

丰田公司为何能做到那种程度？就是因为整洁已经成为他们的一种企业习俗，一种养成良久的行动素养，一种人人共知并且坚决遵守的企业文化。

当然，其他国家的企业要从根本上学习日本这种企业文化并不容易，习惯不是一天养成的，意识也不是一天就能种植的。这要充分依靠身处于同一工作场所的所有人员——包括企业的管理者，首先要让自己意识到工作环境对工作效率的影响有多大，同时人人严于律己，从上到下都要有"整洁"意识，把自律精神和整齐的行为模式根植于习惯中，而不是只停留在口头说说。只有这样，你和员工才会珍惜大家共同努力营造的环境，把这个好的习惯更长久地保持和传承下去。

获得"高效环境"的三项基本原则

时间管理原则——保证工作效率

我们每天都在强调工作效率，并期望所有的工作都能在规定的时间内保质保量地完成，最好是能够提前超额完成。但现实情况是，大多数企业，只有一半的员工能够按时完成工作，大多人都在抱怨声中进行被迫的"加班"活动。这都要归咎于工作超额？工作量太大？并非完全如此。

我的同事曾经在美国的几个大型城市做过一次客观而且有效的调查，大多数公司管理者认为分配给员工的工作只占据工作时长的70%—80%，但员工却常常在下班之前完不成，还抱怨分配给他们的工作任务太多了。这着实令管理者感到烦恼，到底如何才能提高工作效率？

第一个原则就是进行"时间管理"。通过科学地分配时间和安排任务，保证工作效率始终在有限的时间监控中进行。

在这次调研中，有87%完不成工作的员工都承认自己存在"拖延"问题，而工作时间有过打游戏、浏览网页、和同事闲聊、网购、刷Facebook等行为的人则占了90%以上。这并不是一个可怕的数字，可以说是意料之内，我们提倡员工在工作之余找点休闲爱好放松情绪，但如果这影响到了正常工作效率，恐怕就要加以控制和管理。

这就要求企业管理者抛弃放纵的心理，敏锐地行动起来。你要及时地发现那些正在试图拖延的"懒人"，把他们揪出来加以警告，并且制订合理有效的时间管理办法，配合绩效考核加以监督，长长久久地落实下去。值得注意的是，仅仅停留在制度上而不执行的人也很多，他们知道问题，但不去解决问题，只能在会议中空谈。或者是只执行了一半而不坚持到底，最后半途而废。

管理效率提升的最大体现就是**员工对时间的高效利用**。换句话说，我们对时间的管理也要灵活应变，永远以效率为第一原则。员工的效率高，企业目标就能更快地达成。换句话说，时间就是效率，效率就是竞争力。市场上任何一个能够发展起来并不断壮大的企业都会非常关注效率的问题，这是一个优秀管理者的首要职责——让每一个员工持续且高效地工作。

考核管理原则——制订考核制度

对企业家来讲，员工的效率该如何用实际的手段保证呢？这就需要我们对效率进行科学和严密的考核。效率考核与绩效考核类似，都是一种监督和保证结果的量化方法。好的考核制度会提升企业的生产效率，激励员工在工作中不断创新；而坏的考核制度则会引发抱怨和离职潮的高发。

国际职业经理人协会的一名管理人员鲍勃说："**任何一家想要生产高效的公司，都要有一份效率考核方案并且毫不动摇地执行**，而且，还需要对效率考核的结果进行评估。如果你发现员工的效率不高，那么多数情况下一定是效率考核制度出了问题。你需要对考核方案重新进行修改，直到员工开始'高效生产'为止。"

这几年我对比过众多国内和美国的知名企业，经过研究发现，国内实行业绩考核的公司到处都是，但实行效率考核的企业却少之又少，而美国企业则普遍拥有自己的效率考核管理法。所以结果是显而易见的，由于效率考核的优势，美国企业的效率明显高于国内企业，反映到结果中来，就是利润的巨大差异。令人欣慰的是，近几年来国内很多企业也逐渐意识到效率考核的重要性。比如，这两年参加我们课程的很多公司，它们的管理者都正在尝试明确提出符合自身需要的效率考核制度。

每一家企业都应视具体情况的不同而做出针对性的考核方案。通常，一份完整的效率考核方案应该包含以下的几个方面：

工作任务设定——你需要明确不同岗位的每名员工要负责的工作，要完成的具体任务；

规章制度设定——你要明确规定员工要遵守的规章制度和施行条例；

结果要求设定——你要告诉员工做什么工作，要达到什么效果；

工作技能设定——你要规定员工应当具备哪些专业知识、技能、素养；

投诉监督设定——如果有人影响了企业的效率，破坏了工作环境，必须有专门的地方可以投诉；

低效惩罚设定——高效的工作会在业绩上得到奖励，但低效的工作要从过程中就开始惩罚。

我们制订的任何考核制度都需要员工切实领会并执行，这是一个全员参与、改造和控制的过程，只要坚持执行下去，得到提升的将不仅是个人效率，而是整个团队和整个企业。

团队决策原则——进行高效会议

如果说高效工作是对于企业雇员最基本的效率要求，那么高效会议则更多是对于管理者的效率要求。高效的会议可以为组织的运行节省很大一部分时间，从而把我们更多的时间用到重点工作和对执行的监督中去。

有一家外企公司刚刚换了新的主管，于是很多员工都表示：再也不用害怕上司的那句"我再多说两句"了——老上司在开会时就像迷恋糖果的孩子，讲起来没完没了。这位新来的美籍主管从来不会占用下班时间开会，小会不超过10分钟，大会也顶多半小时。但奇怪的是，开会的时间短了，人们在会上的发言反而多了，决策效率也得到了提高。

销售部门的克琳娜说："我很喜欢现在的主管，开会时间短，条理清晰，目标明确，他不跟你绕弯，会议前他的助理会把需要讨论的主题和要解决的问题提前告知，我们每个人都要预先深思熟虑。这样，在开会的时候每个人集思广益，想法和思路不断碰撞，很容易就产生出一种新的办法，而且从不跑题。我觉得这样的会议才有意义，效率也更高，我也有更多时间来修改自己的营销计划。"

不管在国企还是外企，任何没有效率的会议都是不必要的，低效意味着时间占用和资源浪费，与其把时间花费在没有目标和方向的讨论上，不如向这家外企的新任主管学习高效地开会。摒弃无用的开场白，明确会议议题，直接进入讨论，主管人员要提前对所需召开的会议做一些安排计划。比如每日的例会，员工要汇报完成了哪些工作，哪些工作遇到了困难，陈述也要讲究方式方法、语言逻辑，不要模模糊糊词不达意。

例如：我今天拜访了十个客户，两个有意向，两个在考虑，其他直接从目标中剔除，我会尽力让有意向的客户确定，让在考虑的客户尽早确定；而不是我今天拜访了一些客户，有意向的不多，收获不是很大，还有一些我也不太确定。

除了每日例会，每周的周会、月会、季度会、年会等一些会议都需要管理者提前做好会议议程，内容应包含接下来的工作计划，执行方法，阶段目标，反馈路径等等，而且要有详细的会议纪要出来，做好会议记录备案。这样，我们的工作决策与执行才会有条不紊，即使计划有变也不影响进度，以确保在高效的工作中收到计划的效果。

习惯思维：好习惯产生高效率

ASTD（美国培训与发展协会）的一位专家儒西雷斯和我是多年的朋友，他曾经长期担任华为美国公司的公关顾问，并参与过为当地公司员工进行的职业培训。在谈到习惯的影响时他说："总是那些看起来很不起眼的习惯在决定人的命运。我的意思是优秀的人会下意识地去做优秀的事，失败者则下意识地去做令自己失败的事。"高效率地做事也需要一种可以**"生产高效率"**的习惯，但这种习惯养成不是有强烈的意愿就可以做到的，它需要长期的高强度的练习，并要形成渗入本能的思维反应模式。

一种好的"习惯思维"是高效思考的行为机制，它在我们的头脑中包括了五项处理步骤：

询问的习惯

"嘿，到底发生了什么事？"你要习惯于向人们询问，请求获知信息。儒西雷斯说："哪怕高高在上的思科的董事长，或者是通用公司的首席执行官,他们遇到令自己困惑的事情时也要马上开口,第一时间问清问题,才有机会迅速解决问题。"不幸的是,我们见到了太多喜欢沉默和回避问题的人,他们总是背着疑问前行,从不对它们的原因探究清楚。

询问的目的是严谨地分析当前的情势,给自己一个思考的动机和开端,避免不做任何分析就假设自己已经得知了一切状况。只有问清了问题,我们才能提出可行的构想以及务实的解决方案。但在此之前,你要辨认潜在的麻烦、具体的错误和面临的挑战;你必须小心谨慎,多写下几个问号,防止落入别人都在重复的错误中。

先定义事情

事情到底是什么?或者说:"外面发生了什么是我不知道的?"是市场崩盘了,还是价格在"暂时波动"?事情的全部细节是你要搞清的,而不是一个人坐在办公室,命令下属去处理。

定义事情的发生过程,可以帮助我们清晰地辨认出可以测量的"指标",然后把事情量化,比如统计数据,看到趋势或制订指标等。它能协助我们定义这件事情是成功还是失败了,是需要修补,还是必须从头再来。同时,你也能从中看到自己到底在追求什么,目标是对还是错。

探寻问题的本质

没有人可以逃避已经发生的问题,唯一的面对方式只有提高解决问题的速度,用高效的应对去查明真正的问题。因此,你要想到"本质"

这个词汇，而不是"现象"。透过种种扰乱心神的表象，探寻问题的本质，挖掘它的根源。比如，"我必须获得的解决问题的条件是什么？"回答这一问题，就是走向理想解决方案的过程。

列出所有方案

为了一次性解决问题——这是最高效的习惯，你得简洁地列出所有可能的解决方案，任何可能性都不放过。并不是说你要在一开始就找到那把钥匙，而是告诉你：列出一份所有的可能解决问题的方案是这个阶段优先的工作。每一个构想（不管多么不现实）都要写在清单上，平等地摆放到一起，供自己参考。从这些方案中，通过对比分析，你总能思考到可能性最强的那一个，制订出最佳的解决方案。

罗列并组织资源

在行动之前，很多人的习惯是"迫不及待地要行动"，而不是先想一想自己准备好了没有。科斯塔说："扎克伯格总会思考自己还缺什么，这是一个伟大的习惯。"没错，你也要习惯性地想一想自己需要哪些资源，然后去把它们组织起来。

根据资源的准备情况，来修改行动计划，将"**效率损失**"再降低一些。为了提高执行的速度，我们有必要以创意性的思考模式来整合资源，充分聚合一切必要的条件。因此韦尔奇说："创新是效率的发动机。"高效来源于严密的准备和优秀的习惯，以及我们无所不在的创新思维。

第一原则：只允许争论半小时

为什么不能允许"长时间的争论"？这是我在多年的公司管理中总结出来的血的教训——**控制争论就是在减少损失**，也是对效率的极致要求。就像身为公司合伙人之一的诺亚先生说的："争论很必要，但不能超过30分钟。"因为我们知道，把一个问题放到公司的会议上，如果在半小时内都不能解决，那么它在两小时内解决的可能性也是微乎其微的。因此必须立刻停止争论，把这个问题放到一边，暂时别再去管它。

洛杉矶有一家公司的管理风格非常奇怪，决策层在工作和会议中经常吵架，甚至吵得面红耳赤，争执不休。看似每个人都充分发言，表达了看法，但整个效率是非常低的，因为他们无法定下工作计划。有时甚至快完成的工作也会推倒重来，因为不断有人反对某个环节。

企业也有"民主病"？这家公司充分显示了这种局面对效率的伤害性是有多么强大。该公司的CEO科勒尔后来反思说："我们以为争论能帮公司作出最佳决策，但失控的争吵却带来了漫无止境的内耗。起初大家都本着群策群力的目的讨论不同的想法，谁也不肯认输，后来却成了对决策权力的争夺大战。"

科勒尔任职三年后决定离开，他感觉处于这种决策体制下的公司无法跟变幻莫测的市场抗衡。相对于决策的分散导致的效率低下，他开始欣赏乔布斯为苹果公司建立的决策机制——迅速而且高效。他在发给我的一封邮件中说："高效率决策的第一个特点就是对时间的利用，谁还在把时间浪费到会议桌的口水上，谁就是下一个失败者。"

彼得·德鲁克为世界各国的企业提供过管理咨询服务。当为这些企业开始工作时，他并不关心客户在最近遇到了哪些实际的困难，而是喜欢先了解一下这些企业家作出一个决定通常需要多长的时间，以及作出决定的方式。每当有人把会议室热火朝天的场面告诉他时，德鲁克总是皱着眉头说："**您要做的到底是什么呢，是解决问题还是制造问题？**"

过多的争论就是在"**制造问题**"。实际上，有时最简单的过程也是最有效率的过程，它通常是开启"问题之门"的钥匙。那就是避免长时间的争论，保证决策的高效。

第二原则：行动，而且是高效的行动

有一个小和尚跑到寺庙里学习了一段时间之后，师傅就让其下山云游。但过了足足一个星期，小和尚都没有动身的迹象。这一天，师傅逮着机会就去问他："你几时下山？"小和尚说："等我准备好草鞋就动身，草鞋已经在做了。"

又过了一个星期，小和尚还没动身，师傅又来问："草鞋已做好，你几时动身？"小和尚看着外面将雨的天气说："师傅，这个季节恐会很多雨，我明天让人做几把伞，之后弟子就动身。"

"伞什么时候做好？"

"一个星期。"小和尚说。

一个星期后，师傅来到禅房又问小和尚："草鞋和伞都已经做好了，你还缺什么呢？"小和尚看着鼓鼓的行囊，正要开口却被师傅打断了："我看外面雨下得那么大，你的草鞋会穿伞会破，你可能还需要一艘船对不对？这样吧，我明天让人去造一艘船，你一起带着上路，然后再招一个船夫为你撑船……"未待师傅说完，小和尚扑通一声跪倒在地："师傅，弟子明白您的苦心了，弟子明日就出发，什么行囊都不需要带。"

小和尚这样的举动，我们在生活和工作中都经常碰到。心中有美好的想法，纸上写了宏伟的计划，可没有转化为现实，原因就是没有行动。行动才是效率的核心，行动思维才是我们在应变中走向成功的保证。如果你总是只想不做，只准备不行动，那么你的一切思考和制订好的计划都是没有意义的。

有了合理的目标就必须立刻行动

"目标是否合理"确实是一个重要问题，你可以采用分解评估的方式来进行判断。比如，把一个大目标分解成几个小目标，然后预估这些小目标完成后的"阶段性结果"。如果这些结果都没有问题，那么集中精力马上行动，从完成第一个小目标开始。

你可以看看那些成功者和事业的赢家，他们都是高效的行动者——有些他们不是胜于全盘的谋划，而是赢在行动的速度和思考的果断性上。他们不过是努力而且快速地完成每一个小目标，在不断地行动中促使全局发生了质的改变。可以说，"立刻行动"是获得高效率的基础，就像马云看到电子商务的市场后马上采取的行动一样。不要多想，先做起来再说。目标和计划都可以随着你行动的开始变得更加清晰。

在行动中进行评估，而不是停下来思考

正如前面所说，作为成功的方式——行动是对计划的补充。当你决

定做一件事情的时候，计划往往不会非常完善，此时最佳的做法是在行动中进行评估，在行动中完善自己的思考。先保证效率，再调整方向。喜欢停下来思考的人经常被落在后面，他们不知道"时间就是金钱"到底指的是什么。

行动时不要找任何借口退缩

"借口"是任何行动的天敌，也是成功者最鄙视的东西。现实中，有10%的人从来不找借口；有25%的人曾经尝试找借口；有65%的人一直在找借口（甚至阅读本书的时候仍然试图找到停下来休息的理由）。在行动中遭遇到了挫折，有的人会想方设法迎难而上，而有的人则会为自己寻找理由退缩。他可能会说："这件事不像我设想的那么美好。"或者，"我的能力没有那么强，因此能做到这个程度已经不错了，我停下来不会有人指责我。"诸如此类的理由，他掩饰自身的能力不足，以其挽回面子，或者干脆为自己找一个替罪羊，抱怨环境、指责他人等，来平衡自己的心理。

当你遇到这种情况时，即便再困难的局面，也不要用一个"天衣无缝"的借口让自己停下来。你可以调整目标，降低行动的难度，但不要完全停下脚步。否则，你之前做的一切努力都将付之东流。

排列顺序，从最重要的事情开始专注地行动

为了降低行动的难度，提高行动的效率，你可以排列事务的紧急程

度，把最重要的工作放到前面，然后专注地把它做好。这是一种典型的非常有效的方式，避免我们的思维发生跳跃——在做A的时候想着B，调头去做B的时候又想到了C。多个工作同时摆在面前，在头脑中消耗资源，分散注意力，可能忙碌一整天却什么都没做成，把时间碎片化，严重地降低效率。

对事情的紧急、重要程度进行排序并非简单地按照时间要求进行排列，实践中你需要严格地按照逻辑进行。比如你要解决某一个问题，第一步并不是马上想到一个最终的解决方案，而是先围绕它进行信息的收集，再执行分析步骤，胸有成竹后最终拿出一个方案。按照这个步骤思考和行动，效率以及条理性便都会得到加强。

你可以尝试这个流程：

选择最重要的工作——对要处理的工作做出决定，选择每天最重要的那项事务并做出计划：是一次性完成，还是分阶段去执行？

创造利于产生效率的环境——把所有的不相关的事项放到一边，让自己心无杂念。必要时可以关闭手机、断掉互联网，清理办公桌，保持办公环境的整洁。

安排及规定时间——为此次工作规定一个时间，最好设置一个计时器，用时间约束自己，比如"2小时内必须完成多少工作"。时间的安排需要合情合理，不能超出自己的能力范围。

保证没有干扰——必须保证没有外界因素的干扰。但如果你在工作中遇到了意外，如何处理新的信息和新的任务？你可以马上把这些"新信息"和"新任务"放到一个约定好的地方（文件夹），然后继续自己的工作。除非另有更紧急的事项，否则不要将宝贵的精力转移到这些新的信息和任务中。

调整好状态并且马上开始——为此次工作调整状态，比如深呼吸、进行必要的运动、听听音乐、喝杯咖啡等。你可以默念10到20个数，然后告诉自己："OK，我准备好了！"随后集中注意力，不要犹豫，立刻开始你的工作，并努力维持这个状态较长的时间。

第三原则：结果永远是第一位的

有一个农民辛辛苦苦地种了一年的西瓜，中间的辛酸就不用提了，总之付出无数艰辛总算到了收获的季节，却被突如其来的冰雹一夜之间砸得颗粒无收。农民坐地哀号，满地的碎西瓜令他心痛得几乎昏厥过去。这是悲惨的一幕。正当他伤心的时候，他的老伴却发现了一颗幸存的西瓜。

农民大喜，立刻抱着这颗"幸运瓜"上了集市。走过路过的人纷纷议论这颗瓜，原来这个农民给这颗瓜标价高达2000元。这时，卖瓜的同行抱着自家的西瓜跑来，和他那颗瓜摆在一起对比，问他："你觉得我这瓜比你这瓜怎么样呢？"老农说："你的瓜很好，比我的差不了多少。""那你知道我的瓜多少钱吗？"老农摇摇头。"只要一块钱一斤。现在你告诉大家，你的瓜既然和我的没什么不同，为什么你要卖2000元？"

老农生气地说："你的瓜大丰收了当然卖得便宜，我的瓜挨了冰雹，其他瓜都被砸了只有这一个好的，它是颗幸运瓜，当然值这么多钱。而且我辛苦了整整一年，不卖2000元我的损失谁来赔？"

这个故事的结局我们都清楚，农民的这颗"幸运瓜"是卖不掉的。

值得汲取的教训是他的这种心理——因为自己付出很多，所以要求结果必须符合自己的预期。但在现实中呢？有没有这种幸运的"好事"呢？很显然是没有的。我们不管干什么，都必须拿业绩来说话，否则你一定会像这位农民一样，辛苦很多却毫无收获。

因为这个世界是不相信"辛苦"的，它只认结果。就像很多倒闭的企业，不是它的老板不努力，也不是它的管理人员没有才华，而是他们无法交出理想的答卷。结果是残酷的，但它非常公正，是最能体现行动效率的标准。

没有结果，行动无意义

亚特兰大有一家公司，老板克林与我的机构有过数月的合作。克林会在公司定期开月会，每开完一次月会，他都会提出一些改善的措施或者制订需要各部门跟进协调的工作。他自己日理万机，是不会跟进、督促这些工作的，最后完成得如何，需要部门主管和相关的负责员工来保证。但是无论多么容易的计划，克林发现统统没有了下文。

他亲自过问时，下边的人就有各种各样的理由。总之就这样不断地积累问题，直到有一个客户忍无可忍，自己给克林打电话，说："你们公司答应两个月前发给我的一批货，现在都还没到。"克林亲自到公司督促采购人员，才把货物采购到位。这说明公司的执行效率已到了非常低下的程度。事后，克林把几个责任部门的主管叫过来："你们是没用的人才，我要换人了。"他马上换了一批人来接替这几个人的职位，然后局面立马得到了改变。

为什么这些人会被解雇？老板要求的是行动的结果，而不是他们付出多少行动。虽然他们辩解自己也很辛苦，但"辛苦"对企业来说没有任何价值，市场也不会对你有丝毫的同情。

德鲁克说："管理是一种实践的行为，它的本质不在于'知'，而在于'行'，其验证不在于逻辑，而在于它的成果。"就是说，任何事情（包括企业的管理和经营）的成功与否，都是用结果来说话。

所以，在对执行效率的管理中，精明的企业家不会把重心放到讨论失败的原因上，而是建立责任与权力对应的管理体制，用来保证行动的结果是可控的。当你开始行动时，就要意识到这个基本的原则：你有一万个理由都不重要，重要的是结果。高效的本质就是"对结果的快速实现"。

如何保证结果是你"想要的"

实现结果的保障是我们要制订明确的目标，并遵循可靠的"目标管理"：我需要几步才能实现目标？每一步都需要我做什么？你最好能将这个目标拟定成书面计划，作为自己对工作的承诺，然后严格地要求自己。这样的做法会让你看到距离成功**"还有多少时间"**，以及自己后面需要做的事情。

最后，不要被你的**"主观判定"**挡住实现目标的道路。"主观判定"是什么？就是传统观念和惯性思维。比如有一位企业家愁眉苦脸地告诉我说有一件产品囤压在港口不能及时供货，商场那边要他退款，他不知如何是好。我就问他电话联系过港口管理方没有，有没有商量过特殊的方法，他直接回答："没有，就算联系了，恐怕也没用。"你看，这就是"主观判定"，他自己挡住了前进的道路，自然就很难获得计划中的结果。

CHAPTER EIGHT
以倒闭为前提
来思考公司

- ◆ 用 90% 的时间来考虑失败
- ◆ 如何避免公司深陷险境
- ◆ 危机的倒逼力量
- ◆ 时刻准备过冬

"破产"随时可能发生，你做好破产后的准备了吗？多数人并不知道如何才能应对危机，他们经常被安全的假象蒙蔽；应变思维要求你学会制订危机计划，告别"小富既安"；想到最坏的情况，为可能发生的困境做好一切准备；"末日管理"法和创新密不可分，那么创新的原则是什么？

破产恐惧症：我明天就会破产

华盛顿有一家公司的CEO保罗对我说："我每天晚上都做噩梦，梦见自己的企业不可挽救地垮掉了。那场景太惨了，上千名员工失业，银行上门讨债，客户退货，到处都是飞舞的纸屑，公司的设备全让人搬走了。所以我第二天早晨起来，总是精神抖擞，动力十足，因为我要避免梦中的局面在现实中出现。"

保罗是一位患有"破产恐惧症"的企业家，因此这些年来他的公司始终保持高昂的斗志，业绩节节攀升，总能度过市场的危机。这便是危机意识带来的好处。企业要想不断地稳步发展，就必须在内部树立强烈的危机意识——危机迟早都会来，而且不可避免，所以每天都是我们最好的机会。

没有危机意识你会怎么样？丧失对未来的悲观预测，活在过去的辉煌之中，时间一长你的思维就会钝化，丢掉锐气。那么当市场的危机真的发生时，你将完全没有抵抗能力。就像保罗的一位朋友，他开了一家"存在时间不超过三个月"的公司，第一笔业务就赚到了200万美元。然而，就在他得意庆祝的时候，公司迅速在第二笔业务上损失了450万美元，马上就陷入到破产的困境，而他对此完全没有心理准备。

危机感是一种健康的心理状态，凡是有长远眼光的企业家，都很擅长为自己**"设想逆境"**，演练逆境中的应对策略。他们在顺境中始终保持忧患意识，既恐惧破产，又能勇敢地面对可能发生的一切危险。只有这样才能使自己坚持不懈地努力，做到有备无患。

用90%的时间来考虑失败

李嘉诚说："我有90%的时间都在考虑失败的问题。我设想什么时候失败，以什么方式失败，还有失败后的困境。然后，我再考虑如何应对这些不同的问题。"作为长实集团的创始人和董事长，虽然已拥有强大的资金实力和抵御风险的能力，几乎没有什么风波可以撼动他的企业，但他仍然不停地研究每一个项目要面对的"坏情况"，并制订应对的方针。

这就像我们驾驶一艘船只远洋航行，在风和日丽的时候就要设想到万一发生的种种情况——刮起台风了如何应对？下起暴雨怎样保护船的安全？能不能顺利返航？基于这些设计，去加固船只，保证航行的一切顺利。

做生意就像买股票一样，在还没有买进来时，就要先想到怎么卖出去，在哪个价位点把它卖掉，万一价格始终不涨怎么办？成功是不用设想的，因为成功的结果很简单。但失败却不能不事先计划，因为**失败有无数种方式——总有一种方式是你没有料到的**。即便有一种微小的可能性没有想到，一旦发生便可能带来巨大的损失。

现金流思维：保证安全的底线

有一家位于波士顿的公司，它的总裁向我请教风险的问题，我对他说："现金流是第一个风险，也是最基础的风险。你一定要保证企业的现金流，因为它是我们安全的底线。"这是我的忠告，尽管我清楚，以他的性格，很可能把这句话当作耳旁风，不会听进去。因为他是一个特别喜欢使用融资杠杆进行冒险性投资的人。据他自己讲，他的公司最少时账上只有12万美元的现金。这意味着市场上一丁点风吹草动，就可能对他构成致命的打击。

不为自己考虑退路，等危机发生时就可能没有一点退路。尤其是当你经营管理一家较大的企业时，你一定要意识到企业的支出是一个庞大的数字，需要有充足的现金储备。比如，万一未来的12个月没有任何收入怎么办呢？企业马上会面临巨额的现金支出压力。因此，审慎对待现金风险的态度非常重要，未来一段时间内所需的全部现金应该预先准备。

平衡风险的前提，是你清楚地知道自己的能力。在做一件事之前，就要先计算自己的能力值——大体给出一个范围："我能承受多大的损失？"考量到自己的能力才能平衡风险，也才能有效地抵御风险。世上没有什么常胜将军，必须在风平浪静时就把未来计划清楚，研究可能出现的意外，制订解决方法。

想不破产，你就要做好破产的准备。为什么这么讲？因为许多破产的企业都是在春风得意时倒下的。有些千万富翁在一夜间就变成了穷光蛋，就是因为对破产的准备不足，一旦发生严重的问题，完全没有时间应对，甚至从心理上接受不了。可以说，要想避免破产，就必须做好

"明天就会破产"的各项准备，制订应对危机的方案，包括储备足够的现金。在这个基础上，再去量力而行，用务实的行动平衡风险。危机当然不是我们停滞不前的借口，但必须作为我们防患于未然的动力，增强自身抵御风险的能力。

居安思危是一种精英心态

柳传志说："你只要一打盹，对手的机会马上就来了。"联想集团有一种"虎视眈眈"的思维，从来不给对手任何可能赶超的机会。张瑞敏说："一家伟大的企业，对待成就永远都要战战兢兢，如履薄冰。"因此海尔集团始终谨慎对待未来，避免任何可能的风险。马云说："我们要么是在危机中，要么在走向危机之中。"他充分表现了阿里巴巴的危机战略：时刻准备与危机战斗。李彦宏说："百度离破产只有30天。"当所有人都看好搜索市场时，百度意识到了竞争的加剧，他们知道如不能及时调整战略来把握需求的变化，即便"强如百度"也可能被市场淘汰。在这些优秀人物的潜意识中，永远有一种危机感在蠢蠢欲动，他们可以看到繁荣背后的潜在危机。

你想成为下一个"诺基亚"吗

提起手机，中国大多数人想到的第一个手机品牌大概都是诺基亚。

作为曾经的手机行业巨头，诺基亚从1996年开始就雄踞市场份额第一位，并且一占就是14年，这种无法取代的市场垄断地位曾一度让其他各大品牌手机纷纷销声匿迹。直到2011年，智能手机崛起，面对新的操作系统诞生，诺基亚却突然变得就像一个耄耋老人，固守着陈旧古老的想法轰然摔倒于街市之中，取而代之的是冉冉升起的新星——苹果和三星。

可以说，诺基亚的危机正是随着智能化的到来而出现的，连续多年的傲视姿态让诺基亚沉溺其中，丝毫没有察觉其他竞争者的追赶和创新，甚至于它对市场的新变化秉持了一种"视而不见"的麻木态度。直到巨浪袭来，这位心态高傲的芬兰巨人仍然在昏昏沉睡。

其实，诺基亚早在2007年就该醒来。因为就在同年的1月9日，乔布斯带领自己的团队发布了一款足以改变世界的新手机——iphone，并且研发出了苹果手机独特的ios系统；也是同年的11月份，搜索巨擘谷歌也突然改变了市场战略，大开资源大门，与高达八十多家软件和硬件制造商合作，并联手电信运营商共同研发了一种兼容性更强的系统，自此安卓系统问世，除苹果外的各大手机终端厂商纷纷投入安卓系统的怀抱。

2008年，诺基亚继续在自己缔造的"辉煌帝国"中庆贺，因为新发布的诺基亚手机依旧在市场中赚得盆满钵满。但此时，诺基亚在手机终端市场的份额已经开始出现异动，下滑趋势悄然而至。与此同时，谷歌与HTC共同研发的第一款安卓手机G1发布，一个全新的时代到来，智能革新的格局正在以迅雷不及掩耳之势改变世界。

然而，即使新潮流如热浪般扑面而来，再昏昏欲睡的人也该在此时觉醒，何况是领跑14年的商业巨人，但可惜的是，诺基亚仍然没有产生任何危机感，甚至对触屏时代的发展嗤之以鼻，诺基亚继续按照自己的想法我行我素，直到2008年年底，才小打小闹地尝试推出了一款智能手机5800，但其系统仍然是旧时代的S60 V5。在ios和Android系统的面前，诺基亚显然已经out了。

在之后的三年里，ios和Android齐头并进，各自在自己的领域里不断改进创新，其系统的不断发布越来越贴合用户的体验和需求，尤其是苹果，凭借出众的设计、人性化的客户体验以及乔布斯"教父"般的影响力，仅仅用了几年时间就成功横扫全球；而安卓系统也因为其开放兼容的特点吸引了全球无数加盟厂商。

到2011年，智能手机遍地开花，诺基亚被三星和苹果彻底挤出市场，2012年三星成功跻身前列，成了全球手机厂商新的NO.1。此时的诺基亚终于幡然醒悟。但这一切似乎太迟了，一代巨人诺基亚开始感觉无所适从，从佼佼者变成追赶者的角色变化也令其既不甘心又后悔不已。

其实，诺基亚在2010年的时候有一次可以翻身的机会，因为它联合英特尔推出了一种新的系统Meego，次年又推出了一款很有趣的手机N9，这款手机一经投放市场，立刻受到好评，但可惜的是，仅仅维系了三个月，诺基亚却突然宣布放弃Meego。自此，诺基亚帝国开始倒塌，公司的市值每天都在缩水。在14年的霸主期间里，诺基亚的市值最高曾达到了3000多亿美元。到最后，诺基亚像个癌症晚期的病人，瘦得只剩皮包骨头，市值一路狂跌到100亿美元不到。到了2014年，诺基亚变卖家产，将设备和服务业务卖给了微软公司，微软以"微软Lumia"作为新的品牌名称替代了诺基亚。自此，诺基亚正式从电子行业谢幕。

对全球的企业家而言，诺基亚的失败具有很高的警示意义，很明显它缺乏居安思危的意识，沉迷于往日的成就和风光，完全不具备长远的警觉力，所以才会在那么短的时间内输得一败涂地。

我所强调的应变思维，就是时刻具备一种对危机的"警觉力"，一旦发现情况不对，立刻制订有效的战略决策。永远比他人"更早地醒来"，永远比他人"快一步行动"。

假设3个月后"你的成就全部消失"

比尔盖茨"哀叹"说："微软离破产永远只有18个月。"这是危言耸听吗？不，这是他对微软、也是对自己的警告，更是他对于互联网时代新竞争常态的透彻认识，如果没有清醒的头脑，根本意识不到这种深刻而悄然的变革。

也许你会觉得商场竞争太过残酷，但正如诺基亚的狼狈谢幕，这个世界根本不会停下来等你，更没有人关注你的自尊心，你只有拿出成绩才会赢得别人对你的"感受"的关注。

不要再傻乎乎地以为自己"不会失败"——世界这么大，你知道到底有多少竞争者在努力奔跑吗？你不会永远成功，但你可以让自己不至于如此轻易地失败，你要保持清醒和明智，在该行动的时候毅然决然，如此才会拥有更宽广的视野和不退化的思考力，在日新月异的竞争大潮中进退自如。

大多数人都在以不屑的态度乐观谈论未来两年里可能发生的变化，甚至包括很多大佬级别的人物。我听到过无数类似的声音：

"一年或两年，能有什么变化？"

"十年？你想得太远了吧！"

在他们看来，就好像一两年可以不负责任地虚度，五年或十年的时光与自己无关一样。比这更可笑的是自认为所有人都同你一样短视，于是一年两年过后，你并未察觉新的竞争者有明显的变化，并认为胆小者在杞人忧天危言耸听，于是变得更加自大和高枕无忧起来。等到更多的"两年"过后，你一觉醒来忽然发现变天了，外面的世界一夜之间面目全非，此时你除了空叹"是世界变化太快，还是我太过麻木"之外，剩下的恐怕只有一洼泥潭了。

主动迎接挑战

主动迎接挑战，就是要在挑战尚未发生时就做好准备，在问题还没出现时就把它解决。也就是说——你要懂得如何让问题在未产生的时候就"流产"。

公司刚成立后的6个月内，我当时做得最多的工作就是罗列问题：公司的，个人的。然后计算风险指数，准备应对方案。合伙人对此感到不可思议，说："我们的事业蒸蒸日上，每天接不完的客户电话，为何这么折磨自己？"我说："这不是折磨，而是解决公司未来的危机。"

所有的问题都是挑战，包括没有发生的，关键看你怎么应对。有的人会躲起来，装作看不见隐患：**"反正还没发生，我何必自寻烦恼？"**有的人则主动走上前，提前跟问题握手：**"嗨，你好，我怎么做你才能离开？"**你必须拥有后面的这种心态，用积极主动的态度对待未来的隐患。提前设计好方案，才能把它掐灭在萌芽状态。

用危机倒逼创新，用创新赢得生机

腾讯公司的首席执行官马化腾说："凡是有志于长远发展的企业都会正视危机，而且都会立刻开始对公司的计划进行调整，并且寻求在市场中利用危机的机会。只有这样，我们才能在危机到来前赢得生机，获得比过去更大的发展机会。"

利用好"危机"的倒逼力量

1997年7月2日，一场席卷整个亚洲的金融风暴从泰铢的贬值开始强力来袭，紧接着，东南亚的金融市场一片狼藉，强风过境，日、韩、马来西亚、印度、中国等市场均未逃脱这场风暴。韩国在这场金融灾难后受挫严重，为了不再重蹈覆辙，韩国决定要以"科技立国"，韩国三星第一个痛定思痛，狠心卖掉了十个非核心事业部，开始将精力全面投入到数字技术产品的自主研发中，经过几年的潜心创造，三星重拳出击，一举打败了曾一度霸占电子数码产品市场的日本索尼，成为了2003年之后全球增长最快的企业。

三星的成功不是个例，世界上众多从困境逆袭的成功企业都在借助危机的倒逼力量将自己推向创新。日本在1973年经历了严重的石油危机，当时欧佩克宣布原油要大幅减产提价，价格从1974年开始一路狂飙，截止1979年，原油价格已经从最初的每桶3.11美元暴涨到40美元，这对于基本全部依赖进口的日本来说简直是灭顶的打击，日本企业的发展脚步因此戴上了沉重的枷锁。

这是日本战后面临的最大一次危机，日本政府在最初的时候甚至茫然失措。被逼到绝境的日本很快意识到了变革的紧迫，在能源危机的倒逼下，不得不开启节能模式，比如限制汽车对汽油的使用。正是在这样的时代背景下，日本迎来了国内高科技发展的黄金时期。

危机的正面意义：推动企业突破旧体制。对于经济发展来讲，危机并非是绝对的贬义词，而是有着两面性的影响力。危机利用得好，不仅不会冲击原有的经济态势，反而会形成一种充满刺激的"倒逼"力量，迫使企业踢掉旧体制的"破袜子"，创造出新的发展路径。

利用危机倒逼改革：推动企业的新一轮创新。没有危机就没有创新，没有创新也就看不到机遇。把危机拆分来看，"危险"与"机会"并存，只要能够清醒认识并果断做出战略改革，危机的倒逼力量就会帮助企业摆脱"倒闭"的危险，迎头走上一条改革创新的发展之路。

美国无线电公司的转型就是一个很好的例子，在20世纪的经济大萧条后，美国无线电公司的股价大幅下跌，公司的发展受到了前所未有的重创，在其他公司举棋不定之时，这家从30年代一步步发展起来的高科技公司不得不转变发展战略，把创新的目光从无线电市场转向了新生的电视机市场，这一举措成效显著，1934年，这家公司便从大萧条的阴影中走了出来，并成为了引领各项高新技术的先驱。

同样用危机倒逼成功的企业还有杜邦，在20世纪30年代，美国所有的企业都在经历周期性经济波动的考验，这使得各大企业不得不放慢甚至停下投资的脚步，认真考虑创新需要付出的代价以及能够带来的回报。但杜邦公司却在产品价格和销售额大幅下滑的情况下加大了研发投入，到1937年的时候，这家总部位于特拉华州的公司的研发创新收到了巨大的利润回报，此时，氯丁橡胶因为其更好的物理机械性能已经成为美国制造业不可替代的材料部件。

用创新化"危险"为"机遇"

2014年的4月8日，作为世界PC软件开发先导的微软忽然宣告：从今天起，我们将停止对Windows XP系统的服务支持，自此之后，将只继续对Win7、Win8等系统推送新的漏洞补丁。消息一出，立刻引发了XP系统用户的巨大恐慌，没有补丁可打？这意味着他们的电脑将从此刻起处于"不被保护"的裸奔状态，这等于向全世界的黑客昭告："你们胡作非为的时代到来了。"

正是在这个时候，360看到了危险之下的机遇，既然微软抛弃了XP用户，那360是否能够"扛起救万民于水火的大旗"，为用户做出一种贴心的"盾甲保护"方案呢？为此，360专门成立了XP服务团队，成功赶在微软对XP停服之前拿出了自己的方案：360XP盾甲，一个专门为XP系统加固、保护、隔离、打补丁的防御产品诞生了。

面对这次微软对 XP 的停服，360 在应对用户需求快速变化的挑战中先于任何一家互联网安全技术公司，成功地抢占了千万用户的"信赖"，不得不说，这是一次成功的危机倒逼创新的案例。

让生存的压力变成创新的动力。危机倒逼其实就是一种由存亡压力向创新动力转化的助推机制，是一种"不进则退、不变则亡"的单向选择题。企业只有不断地创新，才能走向成功。美籍奥地利经济学家熊彼特就曾提出这一观点，一个创意的出现会引发众多的模仿，而模仿的普及则会引发新一轮的创新，经济就是在这样的刺激下保持不断增长。

让创新的果实催生出创新的观念。创新应该像种子一样，深深地植入企业的发展观念，最终在企业内部形成一种自主创新的文化。比如我国的航天集团，就因为很多高新技术无法引进，不得不放弃长期对国外技术依赖的"拐杖"，在技术急待突破攻关的情况下，没有其他路可走只能逼自己一把，自力更生自主研发，但正是这样的倒逼使如今的国航养成了自主创新的意识。

在当前新的经济背景下，所有企业都要寻求创新，转变陈旧的机制和观念，在企业文化中培养自主创新、不断创新、主动迎接挑战的习惯。只有勇敢面对挑战，在危机中倒逼创新，在创新中把握机遇，才能使企业长期处于不败之地，在竞争大潮中永远屹立不倒。

"末日管理"法

"末日管理"是中国的小天鹅集团（在过去实施的一种独特的风险管理战略，以一种对未来的"高度悲观"展开了对企业自身的危机意识改造，并借此提升了应对市场波动的能力。从而迅速扩张企业的经营，短短两年时间，就使企业的利润提升了将近200%。

这充分表明，管理者应该以强烈的"危机感"警示公司的每一名成员，面对竞争，理解竞争，时刻做好末日到来的准备。这一思维的实质是——理解和接受所有的企业都有末日的事实，也要明白所有的产品都有终结的那一天。有了这个心理准备，企业上下就不会陶醉在过去的辉煌和今天的成绩中，而是为未来的危机做足准备，提前制订应对策略。

第一，昨天的成功并不意味着今天的成功。有许多过去辉煌的企业在今天已经消失在历史的长河中，它们没有想到"末日"的来临，于是不知不觉间就走向了自己的末日。

第二，企业最好的时候往往是最不好的开始。就是说，越是市场一片大好，往往意味着未来的市场会走向下坡。因为没有永远不变的市场，当你经营得顺风顺水时，市场的波动也就开始了，此时就必须做好准备，通过变革与竞争让企业更加强大，安全地度过可能发生的危机。

寻找差距，学习别人的长处

为了防止末日的到来，企业必须与世界上最好的品牌相比较，找出差距，然后进行追赶。这意味着管理者不能只盯着身后的追赶者，还要紧盯前面的领先者。你要把公司的每一项质量指标、经营指标、生产效率都同世界第一流企业的各项参数进行对比，从而形成一种内部的动力与外部的压力相结合的经营思路，使企业的眼光与行为模式充满活力与生机，始终处于追赶状态，而不是只跟那些较差的对手进行比较。

向市场要"光明"：不要待在家里坐以待毙

提前考虑到市场的变数，决策者要把自己的目光紧紧瞄准市场，不断挖掘市场的潜力，争取扩大份额，而不是自我满足或者在得意中停下脚步。比如，小天鹅集团的国内市场占有率曾经达到了惊人的42%，这是一个很高的比例，足以让人高枕无忧，但管理层仍然清醒地意识到，市场的竞争越来越激烈。所以，管理层最终做出的判断是——如果不能实现创新，向市场深处挖掘，那么末日必然来临。

摆正心态：得意忘形等于"灭亡"

如何摆正心态？就是在竞争处于优势时，多以己之短比人之长，看到自身的不足之处，防止得意忘形。就是说，你要把危机放到自己的正前方，警惕自己打倒自己。有些企业家成功以后，就安居现状，不求上进，也不再创新，反而以自己成功的模式到处宣扬，满足于既有的成功，对未来失去了最基本的应变能力。更重要的是，企业管理者的心态迅速膨胀，这时危机就会慢慢产生，直到企业变成一只"温水青蛙"，变得麻木大意，最后被对手超越，被市场淘汰。

储备人才："人"是解决危机的基础

人才是应对危机的第一资源，也是企业最重要的财富。去不断储备有用的人才，培训和寻找卓越的骨干员工，是企业管理者首要的工作。同时，企业过去和未来的信誉也是由人来创造的，那些伟大的公司之所以能持续地保持领先者的地位，在于这些公司的创始人和历任CEO们对优秀人才的重视——他们可以不间断地启用有市场竞争意识和有决策能力的后备人才，使公司的智力库逐渐强大，对于危机的预防与抵御能力也越来越强。

华为的"冬天"

不管华为的发展势头如何"凶猛"——在全球范围内向思科帝国发起强力的冲击，已成为当之无愧的世界第二大电信科技公司，任正非始终坚持他说了无数遍的观点："华为总会有冬天的，提前准备好棉衣，比不准备要好。我们该如何应对必将到来的冬天？这一问题已经讨论了无数遍，而且永远不会停止讨论！"

在春天时你要提前想到冬天，时刻准备应对"寒冬"。这就是任正非的危机意识。他认为华为的冬天会更冷，因为他觉得，华为公司在那些老牌的"科技帝国"面前还显得太嫩，经验不足，没有经历过挫折和磨难。这是最大的弱点，很可能导致企业的全体员工都没有做好心理准备，所以他要不断地强调"冬天就要来了"。

从任正非的观点中我可以看到两个非常重要的预言：

第一，危机的到来是不知不觉的。什么是"危机"？危机是拉着笛声缓缓向你驶来的列车？还是吹着哨子大声让你躲开的"怪物小熊"？显然都不是。真正的危机从来都是悄无声息、突然发生，就像最近一百年来发生的这几次全球性的经济危机，大量的世界级公司都在毫无准备的情况下被危机打垮。

第二，为了应对危机，必须不停地变革。通过变革来应对危机。这是任正非的观点，也是他的经营思路。他认为如果不能正确地对待变革，或者是抵制变革，那么企业就会不可避免地死亡。只有变革才能战胜危机。因为变革可以去除企业内部的陈旧的体制性弊端，营造新的市场机遇，提高人的主观能动性，这是抵御危机最强大的力量。

近年来，我对国内的企业家提出了一个忠告："在经济转型期，没有人是绝对安全的。凡持高枕无忧想法的，必被新的经济结构所淘汰。"那么，在过冬之前我们都需要准备些什么呢？

现金储备是否足够

在前面我们已经讲到——现金流对企业的作用非常重要，它是我们的最后一道防线。假设有一天你不再盈利了，你就会意识到企业的现金储备有多么宝贵。因此，不管你是刚开始创业的企业家，还是成熟企业的管理者，提前准备两到三年的"**经营性现金支出**"都是非常必要的，否则一旦遇到企业连续经营不佳，收入下滑的情况，你就很可能会品尝到资金链断裂带来的可怕后果。

业务是否有持续性

业务的持续性体现在——公司的产品可以长销、并拥有稳定的市场，而不是只做"一锤子买卖"。现在很多人急匆匆地创业，设计了各式各样的产品和服务到市场上售卖，专门为此成立了公司，也到处去融资，但却没有考虑到业务的持续性。你需要想一想："市场对我提供的产品和服务有没有长久的需求？我有多少好时光，是五年还是十年？"假如一种业务只能持续五年，为它成立公司就是得不偿失的，因为你很快就会迎来关门的时刻。

用户群是否稳定

和业务的持续性一样，市场及用户群体的稳定性也是我们抵御风险的关键因素。即便华为这样的国内龙头老大，也对市场可能到来的冬天充满了警惕，要知道华为在国内拥有极为庞大的用户群体。所以，当你准备拓展自己业务或者扩张公司的规模时，先想一想"我凭什么获得这么大市场"的问题，计算一下现有及潜在的用户群体，以及用户的忠诚度是否足以支撑公司的市场份额。

你有没有坚强的心理准备

相比资金、技术和用户群的储备，更重要的是企业家的心理建设。你有没有一颗像洛克菲勒冷酷无情的大心脏？有没有像巴菲特一样在股灾面前不动声色的从容淡定？你能否做到在风雨飘摇的危机中坚持梦想、遵守既定的原则毫不动摇？脆弱的心理比危机本身更为可怕，它能彻底击碎一个人的理想，摧垮他的理性思维能力。这就是为什么大多数人只能充当"跟风之徒"的原因。要想学会那些成功者的思考方式，就必须先拥有他们的心理素质，特别是危机来临时他们会想什么？是兴奋还是恐惧？是冷静还是慌乱？让自己变得像他们一样强大，洞悉本质并且灵活地应变，这才是你能否像他们一样成功的关键。

30 条提升应变思维的实战法则

准时法则：尊重时间，时间才会尊重你

对于安排好的工作，必须准时完成，并且长期坚持这样的习惯。久而久之，时间就会回报你——让你的每一份工作都能产生足够的成就感。

乐趣法则：享受工作而不是厌弃它

从现在起，你要学会享受自己的工作。不管做什么，都要投入，体会其中的乐趣，把工作的积极意义最大化。除非这些工作是不必要的，是浪费时间的，否则你都应积极主动地对待。

"不后悔"法则：对做过的任何事情都不要后悔

你不要因为一些失误而对已经结束的工作念念不忘，这没有意义。你要学会向前看，避免今后再出现类似的错误，而不是把时间都用到后悔上。

"不忧虑"法则：不要用忧虑的态度对待工作

你不要面对着一堆还没有做完的工作而表现得忧心忡忡，或者唉声叹气。这只会增加你的心理负担，让你的工作效率更加低下。你要淡定

和从容地处理当下最重要的每一件工作，因为这才是最有效的办法。

"2小时"法则：每天用2小时来规划你当天的工作流程

你可能觉得2小时太多了，但它一点都不过分。早晨抽出两个小时进行当日的工作规划，根据工作的需要，设计一系列必要的应对原则，这能让你当天的工作效率提高至少两倍。这一习惯持续下去，5年内为你带来的收益至少会提高10倍。

"信息概要"法则：多数信息只需要了解概要

互联网时代的信息是海量的，如何从中找出自己感兴趣的、重要的东西？一个实用的方法是不要跳进信息的海洋被它淹没，要减少了解信息的时间，只是读一下它的概要即可。虽然信息特别重要，但我们一生中看到的东西有90%以上都是无关紧要的，至少对你而言没有用处。

阅读法则：即使最好看的书，也没必要完整地读完

你真正需要的阅读方法是按价值等级进行挑选，而不是自己的兴趣。请相信，根据兴趣读书的人往往都没有多大的成就。再好看的书，你也没必要全部读完它。了解其中的主要内容是你首先要做的，遇到特别需要的内容时才有必要详细阅读。

"三分钟"法则：让自己的时间比别人快三分钟

你的手表要永远比别人快三分钟。约会，开会，上班……总是比别人提前三分钟，20年内你多出来的时间，就是你领先别人的距离。

记录法则：贴身准备记录卡片

你要随身在口袋中准备一些空白的卡片和一支笔，随时记录临时想到的好点子。人的记忆力不是无懈可击的，有些想法稍纵即逝，因此"记录卡片"是对我们思维成果的巩固。

清单法则：为当天的工作准备清单

在一天的工作开始之前，比如在你起床之后，要做的第一件事就是列出这一天的任务，并把工作的顺序安排好。请记住，人在早晨时的思维往往是最清醒的，一定要充分利用好这段时间——非常适合做工作分配与任务安排的工作。

标注法则：对重要工作做标注

当你遇到比较重要的工作时，不要急于开始，而是对它们进行标注。或者用红颜色标明重要性，或者用数字排好顺序，并适当注明工作的性质和需要完成的时间。

奖赏法则：对自己付出的努力要进行适当的奖赏

每当你完成了一件比较重要的工作之后，可以允许自己休息一下。比如听10分钟的音乐，或者去看一部一直想看但没时间看的电影。当然，你也可以拿出1个小时去约会。前提是你真的完成了一件"了不起"的工作。

开始法则：立刻开始，而不是"稍等"

对自己应该做的工作，要习惯立刻开始，马上着手处理。你想想自己平时到办公室后的习惯是什么呢？是先喝半小时的咖啡、聊一小时的天再工作，还是马上打开电脑，处理当天的紧要事项？不要把时间用到"调整状态"上，也不要"稍等"，而是要开始工作，就算只开一个头也是好的。

后果法则：想一想如果不做这件事，会有什么后果

假如你非常不愿意做一件事，那么你可以先问一下自己："如果我放弃这件事的话，后果是什么？"这可以让你清晰地意识到这件事的重要性。如果没有任何不良后果发生，那么你当然可以放弃它；但如果它非常重要，则必须不折不扣地完成它。

二八法则：把80%的时间用到20%的工作中

二八法则是把我们的思维能力转化为高效成果的原则。因为我们80%的工作成果往往只来自于20%的工作，所以你要找到这部分最重要的工作，并且投入大部分的时间和精力。只要把最重要的20%做好，你就可以取得初步成功了。

"枝干"法则：理清思路的"中轴线"

在思考的时候，不要理会那些旁枝末节，因为它们并不重要。你要从繁杂的思路中找到骨干，也就是最重要的关键部分。其他的都不重要。比如，你要考虑一件事的根源、目的和主要路径，而不是绞尽脑汁地探索它可以带来多少附加收益。

剪除法则：把没有多少实际帮助的事情排除在外

有很多工作对我们达成结果是没有实际帮助的，它们看似必不可少，实则可有可无。找到它们，然后剪除它们。

"时间预留"法则：为重要工作预留充足的时间

记住，凡是比较重要的工作，你都需要足够充裕的时间。依我的经验来看，重要工作总是花费我们很多计划之外的时间，所以不要等到时间不够用了再临时安排，要在工作开始前就把它列为一个长期项目，并提供充分的时间支持。

精力法则：长时间地集中精力思考

我们的成果大小，取决于投入的精力的多少。但精力和时间是不一样的概念。有的人虽然投入了相当多的时间，但并没有集中精力，因此效果也会很差。

收益法则：多去思考和处理能够带来长期收益的事情

只要是可以为你或你的企业带来长期收益的事情，就要投入更多的精力去思考和经营。即使这些工作并不能为你带来现实的收益，也要认真地把它们做好，因为它们决定了你未来的上限。

"纸面"法则：尽可能少地降低纸面工作

有大量的事项都可以通过电脑完成、记录与传递，比如电子邮件、即时沟通工具等。这些工作不要通过纸质信件或打印出来的文件传送，因为它往往会降低我们的工作效率。

收获法则：一旦开始工作，就要"有所收获"才能结束

我经常对下属讲："只要你拿起了一份文件，务必要有所收获才能把它放下。"否则，你拿起它的意义是什么呢？只会浪费宝贵的时间。尽可能避免重复做一项没有意义的工作，比如开始了无数次，却都没什么收获。这种局面是非常不利的，它会伤害你继续从事这项工作的兴趣。

期限法则：为自己设定完成工作的最后期限

你要学会给自己的每一项工作计划设定一个最后的完成期限，而不是只制订一个模糊时间。后者会让你无限期地拖延下去，而前者能帮助你尽快地把工作做完，实现计划的目标。

必要法则：如无必要，不要轻易浪费别人的时间

如果没有必要，就不要去占用别人的时间来帮你处理工作或者沟通。这要求你在请人参与之前，必须对工作的性质和难度考虑清楚，确认有这个需求时再去发出请求。

"积极主动"法则：对任何事情都应保持积极和主动

我发现不少企业家在听取下属汇报时都是一副冷漠的表情，脸上没

有什么反应。看起来这是"安全"的，但对工作并不有利。越是居高位者，在听取汇报、讨论工作时就越要积极主动——这能激发别人的热情，取得更好的效果。否则他们会感觉自己在浪费时间，因此也提不起精神。

掌控法则：不要为那些自己无法掌控的事情感到不安

有很多事情是你没有办法掌控的，哪怕你再强，也不可能控制一切。因此，不要为这些自己控制不了的事情而伤心，也不要感到不安。你只需要关注在自己掌控范围内的工作，并且很好地完成它们。

委托法则：把能委托的工作全部"委托出去"

把所有能够委托别人处理的工作全部交代给别人替你完成。所以，管理者最大的本领就是找到能替自己工作的人并管好他们。那些卓越的企业家就是这么做的，他们很清闲，但企业的成长却很快。

休息法则：休息的时候不要考虑任何工作

在休息的时候不要考虑任何工作。比如周末和假期，因为这时候再把工作带入进来，会影响你休息的效果，而且工作也无法顺利地开展下去。打乱自己休息的节奏是非常"危险"的，负面情绪经常能够延续很长时间。

简洁法则：把"简洁"作为自己思考一切问题、处理一切工作的基本标准

不管是发布命令、开会或者回复电子邮件，都应该秉持简洁的原则。简洁明了，直截了当，让对方第一时间理解你的意思，才能为后续的工作打好基础。

"问题式决策"法则：用询问的方式思考接下来最应该做的事情

要让自己养成"问问题"的好习惯。比如，每当完成一件工作后，你可以问一下自己："下面我最应该做的是什么呢？"然后自己给出回答。通过询问的方式进行思考，我们经常能够获得较为正确的答案，并在此基础上制订一份清晰的行动计划。